DK 儿童 海洋 百科全书

Ocean a children's encyclopedia

汪俊 译

中国大百科全书出版社

Encyclopedia of China Publishing House

DK 儿童海洋百科全书

Ocean a children's encyclopedia

Original Title: Ocean A Children's Encyclopedia
Copyright © 2015 Dorling Kindersley Limited
A Penguin Random House Company

北京市版权登记号：图字01-2016-6802
审图号：GS（2017）895号

图书在版编目（CIP）数据

DK儿童海洋百科全书 / 英国DK公司编；汪俊
译. —北京：中国大百科全书出版社，2017.6
书名原文：Ocean A Children's Encyclopedia
ISBN 978-7-5202-0085-1

Ⅰ．①D… Ⅱ．①英… ②汪… Ⅲ．①海洋—儿
童读物 Ⅳ.①P7-49

中国版本图书馆CIP数据核字（2017）第081108号

译　　者：汪　俊

策 划 人：武　丹
责任编辑：王　杨
封面设计：袁　欣

DK儿童海洋百科全书
中国大百科全书出版社出版发行
（北京阜成门北大街17号　邮编　100037）
http://www.ecph.com.cn
新华书店经销
北京华联印刷有限公司印制
开本：889毫米×1194毫米　1/16　印张：16
2017年6月第1版　2024年6月第50次印刷
ISBN 978-7-5202-0085-1
定价：198.00元

www.dk.com

目录

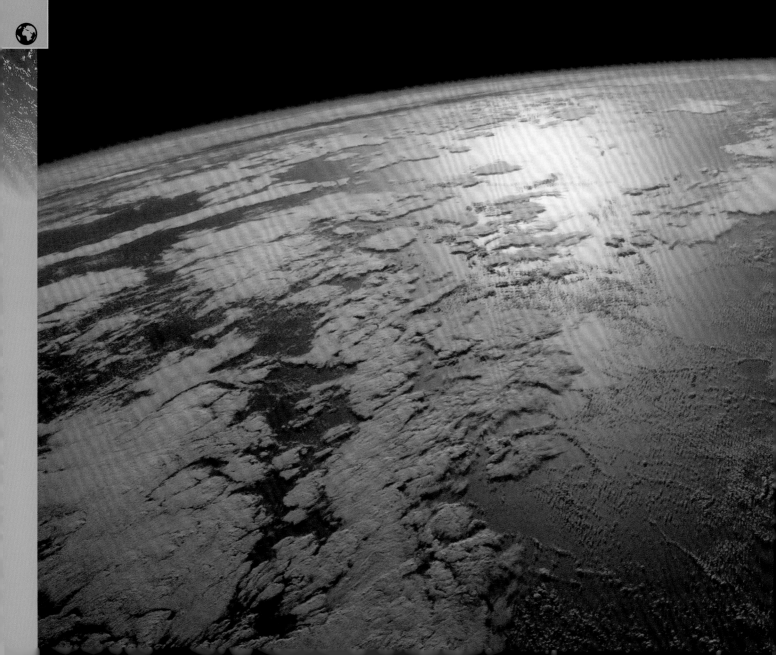

海洋世界

  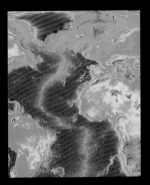

近年来，由于科技上的重大突破，我们能够绘制出更加详细的海洋地图，也逐步揭开了海洋的神秘面纱——海浪背后隐藏着山脉、火山和海沟。

海洋世界

地球表面2/3的区域被海水覆盖着，其中大部分海水集中在大洋，
不过也有不少近岸浅海海域分布在大陆架上。还有一些海域几乎
全部被陆地包围，如地中海和红海。在这片广阔的水域中生活着
各种各样奇妙的生物。

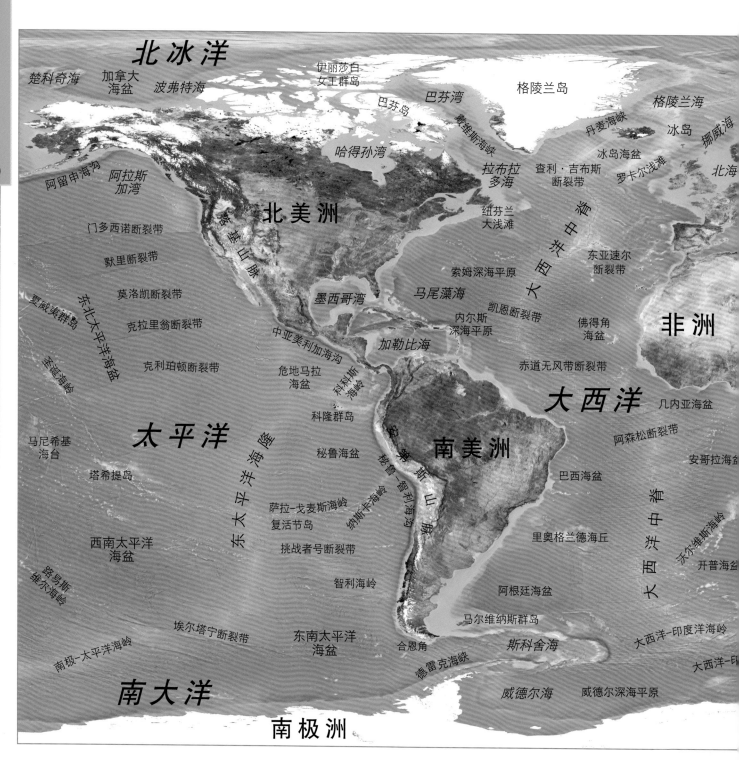

北冰洋

楚科奇海　加拿大海盆　波弗特海　伊丽莎白女王群岛　巴芬岛　巴芬湾　格陵兰岛　格陵兰海

戴维斯海峡　丹麦海峡　冰岛　挪威海

哈得孙湾　拉布拉多海　查利·吉布斯断裂带　冰岛海盆　罗卡尔浅滩　北海

阿留申海沟　阿拉斯加湾　北美洲　纽芬兰大浅滩　东亚速尔断裂带

门多西诺断裂带　索姆深海平原　大西洋中脊

默里断裂带　墨西哥湾　马尾藻海

莫洛凯断裂带　凯恩断裂带　佛得角海盆　非洲

夏威夷群岛　东北太平洋海盆　克拉里翁断裂带　中亚美利加海沟　内尔斯深海平原

克利珀顿断裂带　危地马拉海盆　科科斯海岭　加勒比海　赤道无风带断裂带　几内亚海盆

莱恩海岭　科隆群岛　大西洋

太平洋　秘鲁海盆　南美洲　阿森松断裂带

马尼希基海台　东太平洋海隆　秘鲁—智利海岭　安第斯山脉　巴西海盆　安哥拉海盆

塔希提岛　纳斯卡海岭　秘鲁—智利海沟　里奥格兰德海丘　大西洋中脊

萨拉—戈麦斯海岭　沃尔维斯海岭　开普海盆

西南太平洋海盆　复活节岛　挑战者号断裂带　智利海岭　阿根廷海盆

路易斯维尔海岭　埃尔塔宁断裂带　东南太平洋海盆　马尔维纳斯群岛　大西洋—印度洋海岭

南极—太平洋海岭　合恩角　斯科舍海　大西洋—印度洋

德雷克海峡　威德尔海　威德尔深海平原

南大洋　南极洲

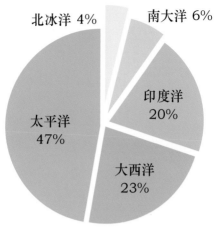

海洋面积

从面积上看，北冰洋最小，太平洋最大。太平洋的面积约占地球表面积的1/3，约为其他大洋的面积之和。

北冰洋 4%　南大洋 6%　印度洋 20%　太平洋 47%　大西洋 23%

96.5% 水　　3.5% 盐

咸水

海水中96.5%的成分为纯净的水，剩下的3.5%由各种被称为盐类的化学物质构成。这些物质中最重要的是氯化钠——海盐的主要成分。

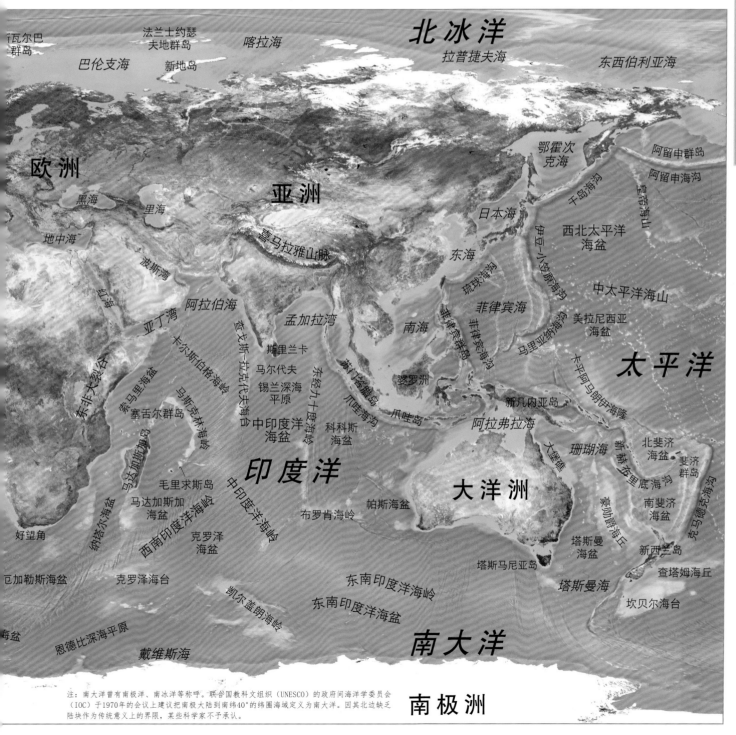

注：南大洋曾有南极洋、南冰洋等称呼。联合国教科文组织（UNESCO）的政府间海洋学委员会（IOC）于1970年的会议上建议把南极大陆到南纬40°的纬圈海域定义为南大洋。因其北边缺乏陆块作为传统意义上的界限，某些科学家不予承认。

北冰洋

北冰洋是世界最小的大洋，北美洲、欧洲和亚洲环绕在它四周。在北冰洋中，靠近北极的海域常年处于冰冻状态，冬天覆盖在这一海域上的海冰是其他季节的两倍多。但是近年来，由于气候变暖，这些冰在不断减少。

小档案	
面积	1475万平方千米
平均深度	1225米
最深处	5527米

冰雪覆盖的岛屿

▲ 结冰

从卫星图上，我们可以看到努纳武特地区查尔斯王子岛周围的冰海是如何形成的。

在北冰洋中靠近北美洲一侧的海域上零星点缀着一些岩石岛屿。这些岛屿与陆地相连，构成了加拿大境内的努纳武特地区。冬天，很多岛屿之间的海域封冻，成为广阔冰原的一部分。

正在融化的海洋

由于全球变暖，北冰洋成了地球上温度上升最快的地方。夏季，越来越多的海冰融化，原本被冰雪封锁的航道也开始通航。若干年后，夏季的北极可能就没有冰了。

移动靶子

北极在北冰洋的中心，目前这一区域全年被海冰覆盖。虽然它的位置已被标记，但是在海流的作用下，海冰以每天10千米的速度不停地漂移，因此标记的位置也在不停地移动。将来海冰一旦融化，北极的位置可能就再也无法标记了。

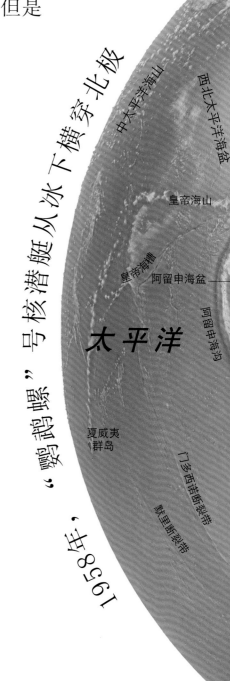

"鹦鹉螺"号核潜艇从冰下横穿北极

1958年，

中太平洋海山

西北太平洋海盆

皇帝海山

皇帝海槽

阿留申海盆

阿留申海沟

太平洋

夏威夷群岛

门多西诺断裂带

默里断裂带

▶ 冰冻之海

深深的洋盆位于北冰洋的中心，边缘是宽阔的大陆架和浅海海域。冬季，大部分海域都漂着大片大片的浮冰（淡蓝色）。

菲律宾海

喜马拉雅山脉

亚洲

西伯利亚

鄂霍次克海

里

黑海

欧洲

拉普捷夫海

新地岛

喀拉海

巴伦支海

地中海

东西伯利亚海

法兰士约瑟夫地群岛

波罗的海

北冰洋

南森海盆

哈克尔海岭

阿蒙森海盆

罗蒙诺索夫海岭

马卡罗夫海盆

斯瓦尔巴群岛

挪威海

白令海

楚科奇海

门捷列夫海岭

+北极

格陵兰海

挪威海盆

白令海峡

楚科奇海台

旺德尔湾

北海

加拿大海盆

丹麦海峡

波弗特海

格陵兰岛

雷克雅内斯海岭

阿拉斯加

伊丽莎白女王群岛

巴芬湾

巴芬岛

戴维斯海峡

大西洋中脊

哈得孙湾

拉布拉多海

拉布拉多海盆

北美洲

纽芬兰海盆

大西洋

大西洋

大西洋是世界第二大洋，它把南北美洲与欧洲和非洲分割开来，隔洋相望。一直以来，大西洋以每年2.5厘米的速度不断扩张。这是因为大西洋中心有一条长长的不断扩张的裂缝，而没有任何可能会破坏洋底的俯冲带。

小档案	
面积	7700万平方千米
平均深度	3646米
最深处	9218米

安的列斯岛弧

▲ 活火山

水汽和气体从苏弗里耶尔火山中喷发出来，该火山位于背风群岛中的蒙特塞拉特岛。

向风群岛和背风群岛位于加勒比海的边缘，在大西洋的一条俯冲带上形成一列岛弧。大西洋中仅有两条俯冲带，在这里，大西洋洋底的一部分嵌入加勒比海之下，形成了波多黎各海沟，同时引起了一系列的火山喷发。

冰岛热点

▲ 玄武岩石柱

冷却的火山玄武岩体积缩小，分裂成这些壮观的石柱。

在遥远的北方，受到大西洋中脊下方的热流冲击，大西洋洋底的部分区域升至海平面以上，形成了冰岛独特的火山地貌，包括黑色玄武岩构成的熔岩区、炙热的间歇泉、冰盖和冰川。

大西洋中脊

大西洋形成于1.8亿年前，最初它只是地壳中的一条裂缝，将广袤大陆分割开来。由于裂缝不断扩大，新的岩石形成了宽阔的洋底，裂缝形成了大西洋中脊。正如下图所示，新的岩石仍然在不断地从裂缝中涌出。

▶ 分割世界

大西洋约有5000千米宽，15000多千米长。它形成了一个广阔的S形"海湾"，将南北美洲与欧洲和非洲分割开来。

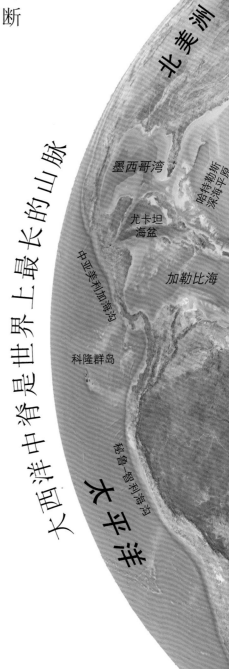

北美洲

大西洋中脊是世界上最长的山脉

墨西哥湾

哈特勒斯深海平原

尤卡坦海盆

加勒比海

中亚美利加海沟

科隆群岛

秘鲁-智利海沟

太平洋

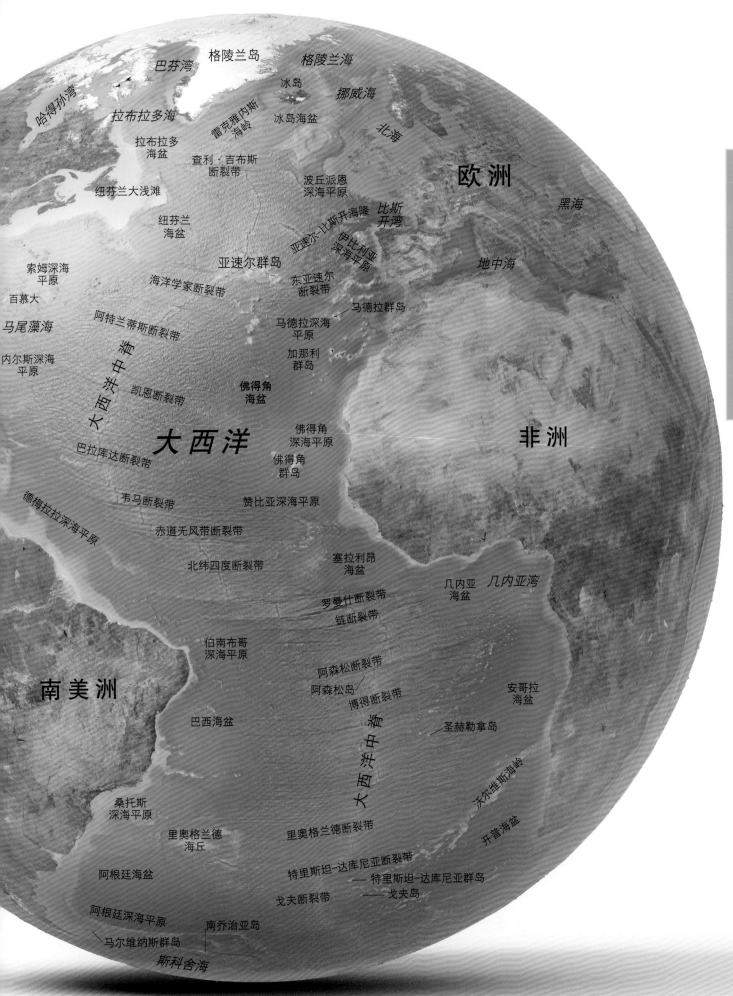

哈得孙湾

巴芬湾　　格陵兰岛　　格陵兰海

拉布拉多海　　　　冰岛　　挪威海

拉布拉多　　雷克雅内斯　冰岛海盆　　北海
海盆　　　　海岭

纽芬兰大浅滩　　查利·吉布斯　　　　　　　　　　　　欧洲
　　　　　　　断裂带

纽芬兰　　　　　　波丘派恩　　　　　　　　　　黑海
海盆　　　　　　　深海平原

　　　　　　　　　　　　亚速尔比斯开海隆　比斯
　　　　　　　　　　　　　　　　　　　　开湾

索姆深海　　　　　亚速尔群岛　　伊比利亚　　地中海
平原　　　　　　　　　　　　　深海平原

百慕大　　海洋学家断裂带　　东亚速尔
　　　　　　　　　　　　　断裂带

马尾藻海　　　　　　　　　　　　　马德拉群岛

内尔斯深海　　阿特兰蒂斯断裂带　马德拉深海
平原　　　　　　　　　　　　　　平原

　　　大　　　　　　　　　　加那利
　　　西　　凯恩断裂带　　　群岛

大西洋　洋　　　　　佛得角　　　　　　　非洲
　　　中　　　　　　海盆
　　　脊　　　　　佛得角
巴拉库达断裂带　　　深海平原

德梅拉拉深海平原　韦马断裂带　　佛得角　　赞比亚深海平原
　　　　　　　　　　　　　群岛

　　　　　　　赤道无风带断裂带

　　　　　　北纬四度断裂带　　塞拉利昂
　　　　　　　　　　　　　海盆
　　　　　　　　　　　　　　　　　几内亚　几内亚湾
　　　　　　　　　　　罗曼什断裂带　　海盆

　　　　　　　　　　　链断裂带

　　　　伯南布哥
　　　　深海平原　　　阿森松断裂带

南美洲　　　　　　阿森松岛　　　　　　　　安哥拉
　　　　　　　　　博得断裂带　　　　　　海盆

　　　　巴西海盆　　　　　　　　圣赫勒拿岛

　　　　　　　　　　　大
桑托斯　　　　　　　　西　　　　沃尔维斯海岭
深海平原　　　　　　　洋
　　　里奥格兰德　　中　里奥格兰德断裂带　开普海盆
　　　海丘　　　　脊

阿根廷海盆　　　　　　特里斯坦-达库尼亚断裂带
　　　　　　　　　　　　　　—特里斯坦-达库尼亚群岛
　　　　　　　戈夫断裂带　　—戈夫岛

阿根廷深海平原　南乔治亚岛

马尔维纳斯群岛

斯科舍海

13

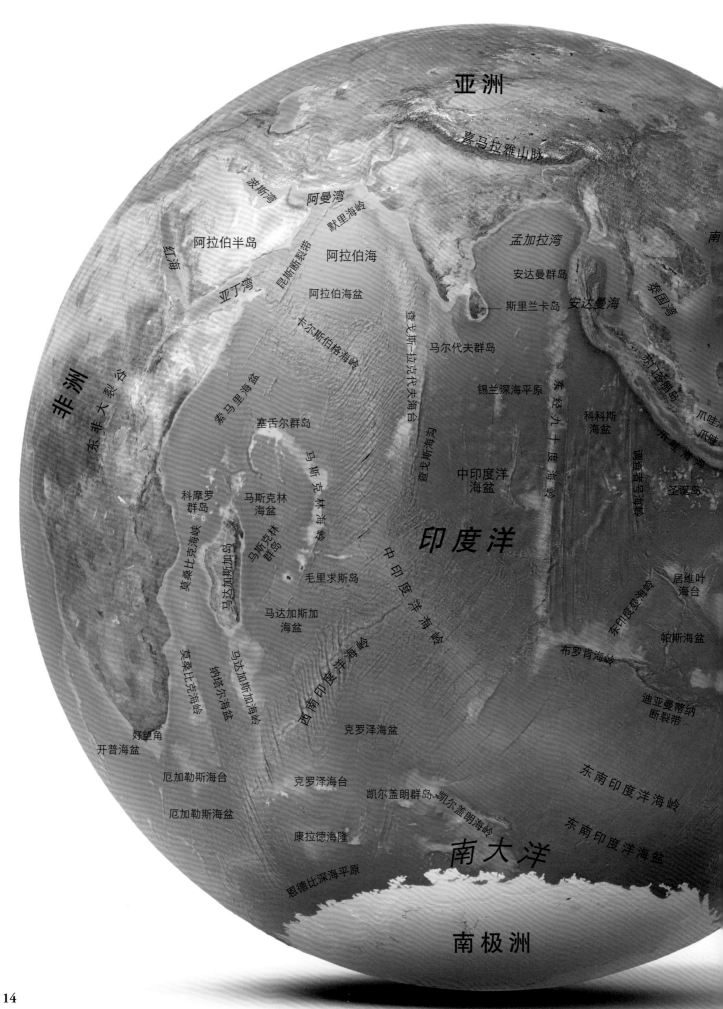

亚洲

喜马拉雅山脉

波斯湾　阿曼湾

阿拉伯半岛　默里断裂带

红海　昆斯断裂带　阿拉伯海

亚丁湾　阿拉伯海盆

卡尔斯伯格海岭

孟加拉湾

安达曼群岛

斯里兰卡岛　安达曼海

马尔代夫群岛

锡兰深海平原

查戈斯-拉克代夫海台

非洲

东非大裂谷

索马里海盆

塞舌尔群岛

科摩罗群岛

罗岛

马斯克林海

马斯克林海盆

莫桑比克海峡

马达加斯加岛

马斯克林群岛

马达加斯克海岭

毛里求斯岛

马达加斯加海盆

查戈斯海沟

中印度洋海盆

印度洋

东经九十度海岭

科科斯海盆

南

泰国湾

苏门答腊岛

爪哇海沟

爪哇

圣诞岛

中印度洋海岭

莫桑比克海岭

莫桑比克海盆

纳塔尔海岭

西南印度洋海岭

克罗泽海盆

东印度洋海岭

布罗肯海岭

居维叶海台

帕斯海盆

迪亚曼蒂纳断裂带

好望角

开普海盆

厄加勒斯海台

克罗泽海台

东南印度洋海岭

厄加勒斯海盆

康拉德海隆

凯尔盖朗群岛　凯尔盖朗海岭

东南印度洋海盆

南大洋

恩德比深海平原

南极洲

14

印度洋

不同于大西洋和太平洋，印度洋没有延伸到赤道北边很远处。除了最南端的水域，印度洋的大部分都位于热带。幽深的爪哇海沟在印度洋东缘，是世界上最活跃的地震带，可能发生灾难性的海啸。

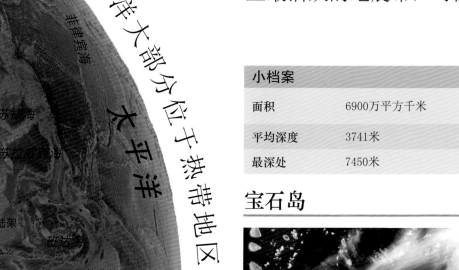

印度洋大部分位于热带地区，是世界上最温暖的大洋

东海

非律宾海

苏禄海

苏拉威西海

爪哇海

他陆架

班达海

阿拉弗拉陆架

澳大利亚海盆

大洋洲

南澳大利亚海盆

大平洋

▲ 第三大洋
印度洋西起南非，东到澳大利亚最南端，宽约1万千米。印度洋南端与南大洋寒冷、汹涌的水域交汇。

小档案	
面积	6900万平方千米
平均深度	3741米
最深处	7450米

宝石岛

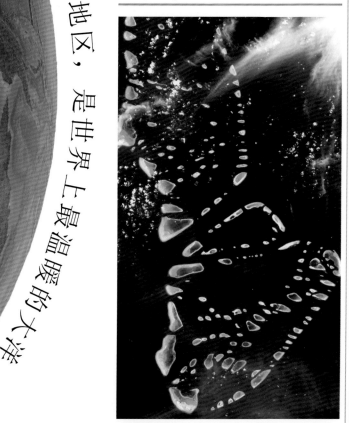

在印度洋北部，马尔代夫群岛的环礁零星点缀在海底岩石上。每一个环礁都是由更小的环礁组成的，从高空俯瞰，它们就像一串串宝石。这些低平的岛屿不仅容易受到海啸的侵袭，还会受到海平面上升的威胁。

新海洋

▲ 红海
这片大海的海面上有时会出现大面积的红藻，红海因此而得名。一般情况下，红海的海水呈碧蓝色，在阳光的照耀下波光粼粼。

红海地处非洲与阿拉伯半岛之间，是地壳内部的一条正在扩张的裂缝，这条裂缝每年都在不停地向外延伸。在遥远的未来，这条裂缝可能向南延伸贯穿东非，形成新的海洋。

季风

在大多数海洋表面，全年盛行风向相同的风。但是在北印度洋，冬天盛行干燥的东北风，夏天盛行多雨的西南风。这种风向随季节变化的风称为季风。

太平洋

太平洋是世界上最大、最深的大洋，最宽的地方几乎横跨半个地球。过去的太平洋比现在更宽，但是随着大西洋的不断扩张，太平洋的面积在逐渐缩小。太平洋中火山岛和海山星罗棋布。洋底海沟纵横交错，地球的最低点也在太平洋中。

小档案	
面积	1.56亿平方千米
平均深度	3970米
最深处	11034米

▼ 巨大的海洋

太平洋非常辽阔，以至于需要用两张地图才能展示它的全貌。太平洋的西部靠近亚洲，岛屿的数量远远超过东部，不过东部洋底分布着更多的长裂隙，这些裂隙被称为断裂带。

太平洋上有两万多座岛屿

亚洲

鄂霍次克海
阿留申群岛
阿留申海沟
皇帝海山
皇帝海槽

日本海
黄海
东海
千岛海沟
日本群岛
日本海沟
西北太平洋海盆
中途岛

琉球海沟
小笠原海沟
中太平洋海山群

夏威夷海岭
夏威夷群岛

菲律宾海
西马里亚纳海盆
马里亚纳海沟
东马里亚纳海盆
加罗林群岛

太平洋

南海海盆
南海
菲律宾群岛
菲律宾海沟
美拉尼西亚海盆

中太平洋海盆
莱恩群岛

孟加拉湾
西加罗林海盆
东加罗林海盆
卡平阿马朗伊海隆

苏门答腊岛
苏拉威西海
婆罗洲
苏拉威西角岛
班达海
爪哇海
爪哇岛
帝汶海

新几内亚岛
阿拉弗拉海
所罗门群岛
维塔兹海沟
萨摩亚群岛
萨摩亚海盆

塔希提

科科斯海盆
爪哇海沟

珊瑚海盆
珊瑚海
大堡礁

北斐济海盆
新赫布里底群岛
斐济群岛
纽埃岛
汤加海沟

西南太平洋海盆
路易斯维尔海岭

印度洋
新喀里多尼亚岛
豪勋爵海丘
南斐济海盆
克马德克海沟

大洋洲

南澳大利亚海盆
塔斯马尼亚岛
东南印度洋海岭
塔斯曼海
塔斯曼海盆
坎贝尔海台

新西兰岛
查汉姆海丘
新西兰

南大洋

南极洲

珊瑚岛

西太平洋热带海域拥有数千座珊瑚岛，其中有些是海洋死火山的岩石顶，其他的则是由珊瑚砂组成的。由生物体形成的珊瑚礁不仅可以保护各种各样的野生动植物，同时也是最富饶的海洋生物栖息地。

◀隐藏的宝藏

这片环绕在沙岛周围的热带海域水质清澈，隐藏着丰富的水下生物。这些生物栖息在繁茂的珊瑚礁中。

水下山脉

海底火山喷发后，仅有一小部分形成了看得见的岛屿，大多数则成了水下山脉，也就是人们所熟知的海山。一些海山曾经是火山岛，后来变成死火山，没入了海底。其他的仍然很活跃，还在不断地扩张。不少海山呈长长的链状结构，如横跨太平洋6000多千米的皇帝海山。

▼重要的食物来源

海流形成漩涡，沿着隐秘的海山向上攀升，将重要的食物输送到海面，成为蝠鲼（俗称魔鬼鱼）等海洋生物的重要食物来源。

不断缩小的海洋

在太平洋的某些地方，洋底断裂处形成了大洋中脊，如靠近南美洲的东太平洋海隆，而洋底也从断裂处不断向外扩张。一部分洋底的移动速度比其他洋底的移动速度要快，使得断裂带上滑动断层处的岩体破裂。不过，环太平洋地震带对洋底的破坏速度比洋底的形成速度快，因此，总的来说太平洋在不断缩小。

地图标注

皇帝海山从夏威夷群岛一直延伸到阿留申群岛

阿留申海沟
阿拉斯加湾
夫特深海平原
多西诺断裂带
默里断裂带
瓜达卢佩
莫洛凯断裂带
克拉里翁断裂带
雷维亚希赫多群岛
克利珀顿断裂带
克利珀顿岛
加利福尼亚湾
墨西哥湾
加勒比海

北美洲
大西洋

太平洋
加拉帕戈斯断裂带
马克萨斯断裂带
中亚美利加海沟
危地马拉海盆
科隆海岭
科科斯海岭
科隆群岛
科隆海隆
南美洲
加拉帕戈斯海丘
纳斯卡海岭
秘鲁海盆
加耶戈海隆
秘鲁-智利海沟
复活节岛断裂带
安第斯山脉
胡安·费尔南德斯群岛
挑战者号断裂带
阿加西断裂带
智利海岭
默纳德断裂带
东南太平洋海盆
埃尔塔宁断裂带

南大洋
南极洲

南大洋

南大洋环绕在南极四周，常年被冰雪覆盖，是地球上风力最大、最危险的大洋。南大洋上散落着南极洲辽阔的冰盖和冰川断裂后形成的巨大冰山。冬季，大洋表面布满大块浮冰。寒冷的海水在冰下流动，推动着强大的深海海流全年不停地运动。

小档案	
面积	2000万平方千米
平均深度	3270米
最深处	8428米

威德尔海和罗斯海

▲ 浮冰
在罗斯海上，一块巨型冰川的尖角耸立在断裂的浮冰之上。

威德尔海和罗斯海的巨大海湾将南极大陆分成了西南极洲和东南极洲。这些海湾中的海域靠近南极，而且大部分海域被巨大的浮动冰架和冰川覆盖。其他的海域冬天结冰，成了浮冰的海洋。

怒吼的狂风

南大洋全年盛行强劲的西风，这是因为没有陆地阻挡使风速下降。越往南，风速越大，到了南极洲附近几乎成为狂风。在帆船时代，这些大风使得帆船可以做环球航行，对海洋贸易的开展有很大的帮助。

▲ 海上竞速
现代风帆赛艇利用南大洋的强风进行环球比赛。

富饶的海域

南大洋的北端是南极辐合带，在这里，从南大洋流出的冰冷海水下沉到较暖的太平洋、大西洋和印度洋海水以下。这种海流运动促进了浮游生物的繁殖，给成群的磷虾提供了养料，而磷虾反过来也为其他动物提供了生存所需的食物。

◀ 候鸟
夏季，北极燕鸥不远万里从世界的另一端飞到富饶的南极海域觅食。

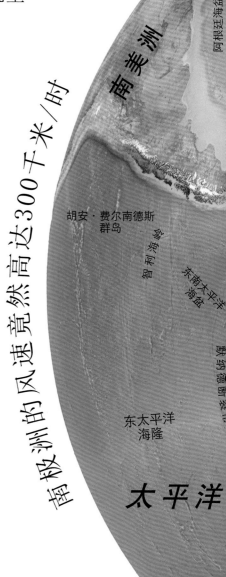

阿根廷海盆

南美洲

胡安·费尔南德斯群岛

智利海岭

东南太平洋海盆

默纳德断裂区

东太平洋海隆

太平洋

南极洲的风速竟然高达300千米/时

▶ 冰封之海
冬天，南极洲周围的南大洋封冻，形成了广袤无垠的浮冰（淡蓝色）。图中的白色虚线标记出了南极辐合带的边界。

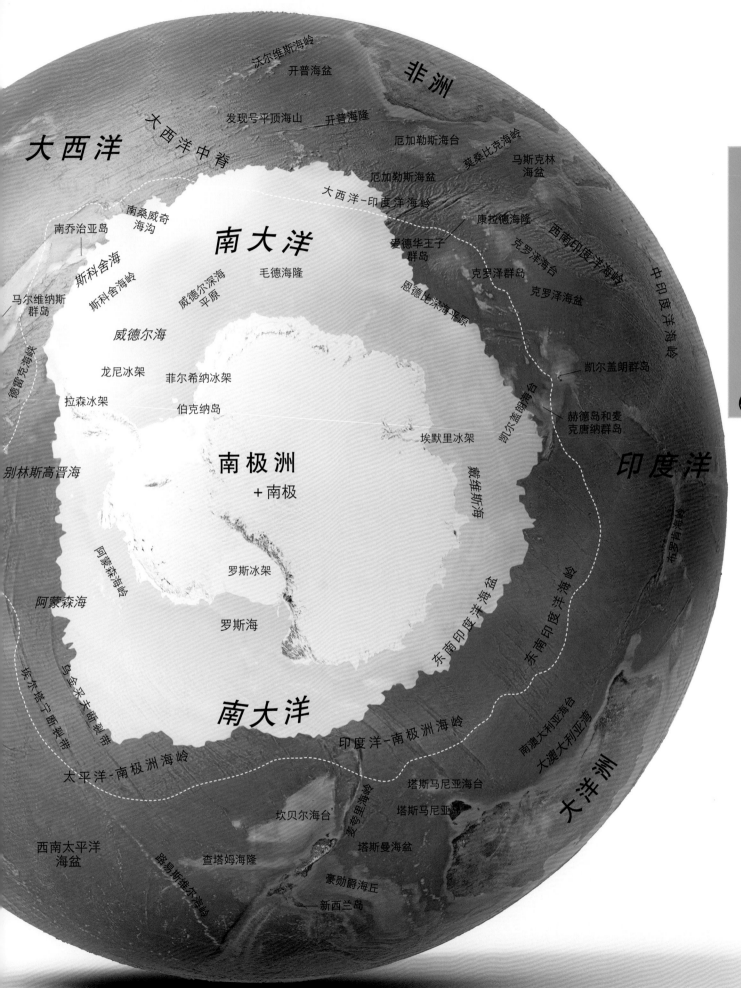

大西洋

大西洋中脊

沃尔维斯海岭

开普海盆

发现号平顶海山

开普海隆

非洲

厄加勒斯海台

莫桑比克海岭

马斯克林
海盆

厄加勒斯海盆

大西洋-印度洋海岭

康拉德海隆

西南印度洋海岭

中印度洋海岭

南乔治亚岛

南桑威奇
海沟

爱德华王子
群岛

克罗泽海台

南大洋

毛德海隆

克罗泽群岛

克罗泽海盆

斯科舍海

斯科舍海岭

威德尔深海
平原

恩德比深海平原

凯尔盖朗群岛

马尔维纳斯
群岛

威德尔海

凯尔盖朗海台

赫德岛和麦
克唐纳群岛

德雷克海峡

龙尼冰架

菲尔希纳冰架

拉森冰架

伯克纳岛

埃默里冰架

印度洋

别林斯高晋海

南极洲

+南极

戴维斯海

阿蒙森海岭

布罗肯海岭

罗斯冰架

阿蒙森海

埃尔塔宁断裂带

罗斯海

乌金采夫断裂带

东南印度洋海盆

东南印度洋海岭

南澳大利亚海台

南大洋

太平洋-南极洲海岭

印度洋-南极洲海岭

大澳大利亚湾

塔斯马尼亚海台

大洋洲

坎贝尔海台

麦夸里海岭

塔斯马尼亚岛

西南太平洋
海盆

查塔姆海隆

塔斯曼海盆

路易斯维尔海岭

蒙勋爵海丘

新西兰岛

海洋世界

蓝色星球

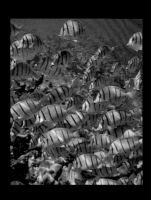

海洋覆盖了地球大部分地区，涵盖了世界上97%的水。海底分布着形状不断变化的广阔岩石盆地。

蓝色星球

海洋星球

我们的星球也可以被称为海洋星球，因为它表面的大部分区域被海水覆盖。它是太阳系中唯一一个这样的星球，也是我们已知的唯一一个各种形式的生命都可以生存的星球。这绝非偶然，因为生命离开了水就无法存在，而海洋很可能就是地球生命的发源地。

地球的这个角度展示了太平洋。

蓝色星球

如果从太空俯视地球，你会发现地球表面大部分区域被海水覆盖，干燥的陆地还不足地球表面积的1/3，其他区域全是海洋。海水体积已达到13.7亿立方千米，是位于海平面以上的陆地体积的1000多倍。在这广阔水域中的任何地方，都有各种鱼类和其他海洋生物生存，因此海洋也成了地球上最大的生物栖息地。

如果将所有大洋拼在一起，就会组成一个表面积约为地球2/3的星球。

如果将所有陆地拼在一起，就只能组成一个表面积不足地球1/3的星球。

理想的距离

地球与太阳的距离非常理想，地球上的温度足以让海水以液态的形式存在。如果距离太近，地球温度过高，水就会变成水汽。反之，距离太远，水就会冻结成冰。与此同时，地球的大气层也像一条温暖的毛毯，使地球温度高于附近缺少空气的月球。

波澜壮阔的太平洋差不多占了地球表面积的1/3

生命之水

生命依赖液态水。因为水不仅可以溶解构成蛋白质所需的化学物质，还能溶解生物形成所需的其他复杂物质。特别是海水，它含有生物必需的大部分化学物质。地球上的生物很有可能在大约35亿年前就已出现在海洋中。现在，海洋仍是很多生物理想的栖息地。

成群的金带花鲭

神奇的物种

全球海洋中有各种各样的栖息地，从寒冷的极地水域到温暖的珊瑚海，从阳光照耀下波光粼粼的洋面到漆黑冷冽的深海。每个栖息地的自然属性都塑造了在此栖居的动物，形成了奇妙的生物多样性。

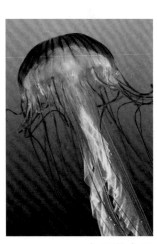

太平洋水母

边缘地带

几个世纪以来，海洋一直都是贸易航线，也是食物、矿产的丰富来源。但是它们也隐藏着极大的危险，这也正是大部分深海一直尚未被开发的原因之一。奇怪的是，我们对月球表面的了解甚至比对深海海底还要多。

海洋的形成

海洋不只是一个被盐水填满的巨大水槽。它的底部由一种特殊的岩石构成。在地球内力的拖曳作用下，地壳破裂形成缝隙，这种岩石就是在缝隙处产生的。这种岩石是一层冷却易碎的保护壳，包裹着地底深处炽热的地幔。那些较轻的岩石漂浮在上面，形成了较厚的岩板，也就是大陆。

层状地球

岩石质的地幔

薄外壳

金属核

地球诞生于46亿年前，那时，围绕太阳旋转的尘埃和岩石开始凝聚在一起。地球在不断发展的过程中吸附了富含铁的陨石，这些陨石撞击地球后逐渐熔化。热量不断聚集，最终岩石和金属熔化。较重的金属（如铁）随后沉入地球中心，形成一个炽热的金属核，被厚厚的岩石质地幔和冷却的外壳包裹着。

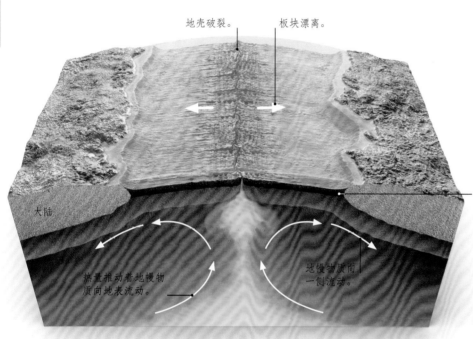

地壳破裂。

板块漂离。

大陆

热量推动着地幔物质向地表流动。

地幔物质向一侧流动。

洋壳被拖到旁边，在裂开处形成了新的地壳。

移动板块

地球内部的核能使岩石质的地幔处于高温状态。高压可以防止岩石熔化，但热量仍然会使岩石软化，形成缓缓上升的细流，在接近地表处往两侧下沉。地幔物质向一侧流动时，会拖曳着脆弱的地壳一起移动。因此，地壳破碎，形成了一块块连带着大陆移动的板块。在板块分开处形成了新的洋底。

漂浮的岩石

地幔是由沉重的橄榄岩组成的。较轻的玄武岩构成了洋壳——洋底岩床，而略轻于玄武岩的花岗岩及类似的岩石构成了大陆。这样，大陆就可以漂浮在沉重的地幔之上，就像冰能够漂浮在水上一样。这也是为何大陆能升到洋底之上的原因之一。

橄榄岩

玄武岩

花岗岩

水汽

在地球早期的历史上，地球上绝大部分的水可能都是从巨大的火山中喷发出来的。现在，火山仍然会产生很多水汽和其他气体。类似的混合物形成了地球的原始大气。水汽变成了云朵，形成了倾盆大雨。大雨倾倒在地壳裸露的岩石表面，淹没岩石后形成了最初的海洋。

哇哦！

有些海水可能是以冰彗星的形式来到地球上的。冰彗星穿过地球大气层时融化，带来了水。

全球海洋

40亿年前，大陆根本就不存在，地球上只有一层薄薄的玄武岩地壳，这层地壳现在成为洋底。所以，最初的海洋可能覆盖了整个地球。随着时间的推移，火山喷发产生了较轻的岩石，这些岩石构成了大陆。随着陆块不断发展，水流入陆块之间低洼的盆地，盆地被填满后就成了现在的海洋。

新大陆

熔岩在美国夏威夷海岸涌入太平洋,夏威夷岛是海底火山喷发后形成的一座火山岛。这类岛屿是最早从海洋中升起的陆块。经过数百万年的演变,这些岛屿向外扩张,相互连接,形成了最初的大陆。

蓝色星球

洋底

洋底并不都是平坦的毫无特色的平原。深蓝色的海水下隐藏着形态各异的地貌，有较浅的沿海海床、岩礁、辽阔的泥质平原，也有极其幽深的海沟和巨大的火山。高大的海山有着连绵悠长的山脊，山脊沿洋底延伸数千千米，形成了地球上最长的山脉。即使到了近些年，我们对海底有多少种地貌、这些地貌是如何形成的仍然不太清楚。

哇哦！

有些海沟非常深，足以淹没地球上最高的山脉。

水下世界

随着深度测量技术的不断发展，科学家们已经可以探索更多的洋底特征。下图是一个典型的海洋截面，还有科学家运用最先进的技术合成的图像，显示了海洋的一些重要特征。不同颜色表示不同深度，展现了波涛下隐藏的神秘世界。

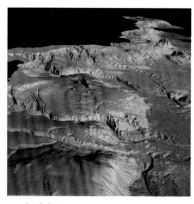

▲ 大陆架

海洋边缘的浅海区是大陆架。在大陆架的边缘，大陆坡向下延伸到深海洋底。从上图中可以看出，浅海大陆架呈红色，而洋底呈蓝色。

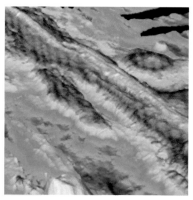

▲ 洋脊

上图是运用回声测深技术绘制而成的，显示了绵长洋脊（图中呈红色）的一部分。这些洋脊蜿蜒曲折，穿越洋底，形成了遍布全球的水下山脉网络，高度可达1000米。

大陆，它的边缘是浅海大陆架。

水下海山

▲ 软沉积物

深海洋底面积广阔，覆盖着厚厚的淤泥和软泥，形成了平坦的深海平原。这些软沉积物中有一些是微小海洋生物的尸体，其他的是由被沙尘暴带到海洋中的岩石颗粒组成的，如从太空中看到的这次撒哈拉沙尘暴。

看看洋底吧！

第一幅完整的洋底地图是20世纪中期美国地理学家布鲁斯·希曾和玛丽·撒普绘制的。在绘制过程中，他们采用了从全球各地搜集的简易深度测量值。地图成形后，揭示了一种尚未被科学家所知的洋底特征模型。这不仅激励了地图绘制者，同时也激励了其他科学家，推动着他们积极探索这些特征的形成之谜。

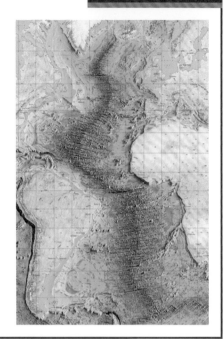

▶ 希曾-撒普地图

大西洋中脊图示是这张洋底地图的一个部分，该地图曾让全世界都感到震惊。

▲ 海山

水下山脉遍布洋底，也被称为海山。它们差不多全都是海洋死火山，只有少数仍在喷发。太平洋中有数千座海山。

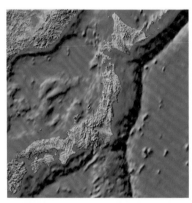

▲ 海沟

大部分海沟位于太平洋和东北印度洋的边缘地带。有些海沟的深度甚至是海洋平均深度的两倍。上面的卫星图显示的是日本附近的深深的海沟（图中呈深蓝色）。

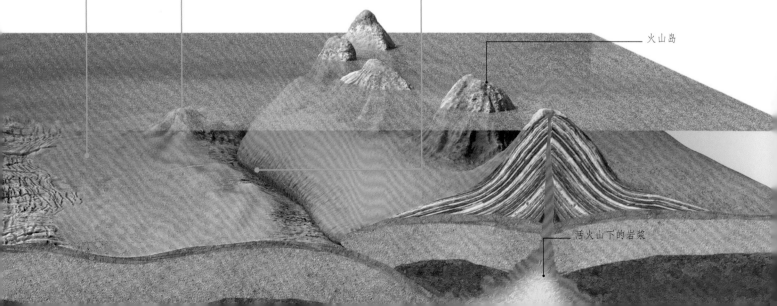

火山岛

活火山下的岩浆

大洋中脊

地壳下的岩石温度与火山熔岩一样高，但是巨大的压力可以使它一直保持固态。洋壳板块撕裂后出现裂缝，压力减小，炽热的岩石熔化，从裂缝中喷涌而出。在此过程中形成的火山链构成了海底山脉绵长的山脊。这些大洋中脊是地球最大的地理特征之一。

蓝色星球

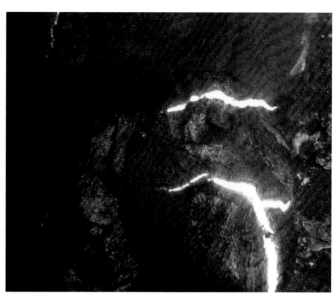

断裂带

炽热的地幔物质形成对流，把洋壳板块拉开，板块断裂处的洋底下沉，形成了一个裂谷。裂谷的底部满是裂痕，这样熔岩就可以喷发形成新的洋底。与此同时，热量使裂谷两边的洋壳块体上升，形成了两个山脊。

枕状熔岩

从海底裂缝中喷发出来的岩石是熔化的玄武岩，与夏威夷群岛上的火山喷发出来的熔岩一样。当它遇到冷水时，外部会凝固，但是熔岩会冲破坚硬的外壳，形成枕头状的堆积物，这种堆积物称为枕状熔岩。

▼ 山脊和山谷

大洋中脊横切面显示了洋底裂缝如何形成了两侧是水下山脉的山谷。

山脊被下方膨胀的热岩浆推着向上运动。

板块分离。

洋壳下沉形成裂缝。

山脊移开后继续下沉。

海水渗透到裂缝中。

热水从海底黑烟囱中喷出。

裂缝中的岩浆喷发。

海底黑烟囱

海水渗入断裂带与热岩浆交汇，温度不断上升，但在高压的阻碍下无法沸腾。水温不断升高，可达400℃——比标准沸点高3倍。炽热的水溶解了岩石中的化学物质，最后，这些富含化学物质的水被迫向上流入海洋。当与冰冷的海水交汇时，热水中的矿物质变成了黑色，看上去就像从断裂处滚滚喷出的烟雾，因此称为黑烟囱。

蜿蜒曲折的洋脊

大洋中脊、黑烟囱和水下火山形成了一个网络，遍布整个海洋世界。在巨大的地壳板块相互分离的地方，它们形成了离散边界，而会聚边界则代表板块聚合处。

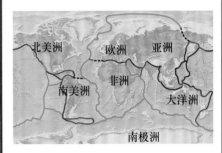

北美洲　欧洲　亚洲
南美洲　非洲　大洋洲
　　　　南极洲

图例　　■ 离散边界
　　　　■ 会聚边界
　　　　■ 滑移边界

黑烟囱内部

水中的化学物质从黑烟囱喷出后成为固体，在冒着烟的热水周围不断堆积，形成烟囱状的岩石。这些"烟囱"高达30米。

一个矿物烟囱的高度每天可增加30厘米。

烟雾一般是黑色的，有时也可能是白色的。

炽热的岩浆　　过热水

最深处

在洋底某些地方，地球巨大的内力撕裂着地壳板块。而在其他地方，同样的作用力使板块聚合。一个板块的边缘插入另一板块之下，缓慢沉入地壳下炽热的地幔物质中。大部分发生此类运动的洋底都形成了深邃的海沟，海沟沿着板块边界分布。这些海沟的深度可能是海洋平均深度的两倍。

蓝色星球

海沟是如何形成的？

深深的海沟位于俯冲带之上，在此处，洋底的一部分俯冲到另一块地壳板块之下。上板块的边缘形成了海沟最为陡峭的内壁。

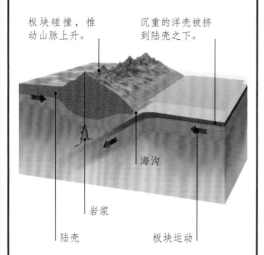

板块碰撞，推动山脉上升。

沉重的洋壳被挤到陆壳之下。

海沟

岩浆

陆壳

板块运动

▲ 拖下去
如图所示，沉重的洋壳总是被拖曳到更厚、更轻的陆壳之下。当两块板块都是海洋板块时，相对较老、较重的板块会滑到较年轻的板块之下。

马里亚纳海沟

虽然海沟在一定程度上被沙子和软泥覆盖，但它们的深度仍是附近洋底的3倍。位于太平洋的马里亚纳海沟的最低点在海平面下11034米处。这是地球上最深的峡谷，深度足以淹没地球上最高的山峰——喜马拉雅山的珠穆朗玛峰，并且山峰的最高点仍在水下2000多米的地方。在板块消亡的过程中不仅形成了海沟，还形成了弧形火山岛。

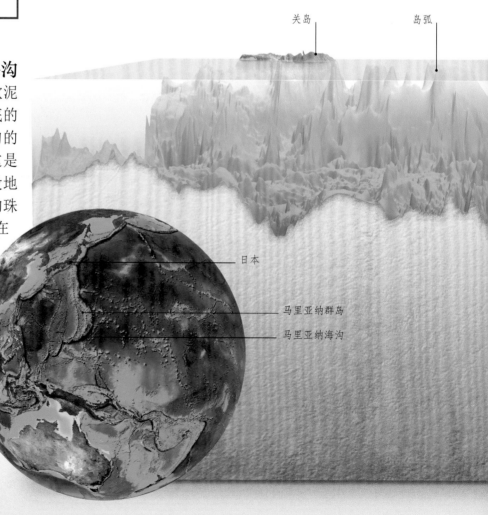

关岛

岛弧

日本

马里亚纳群岛

马里亚纳海沟

▶ 新月形
从西太平洋的图像中可以看到，马里亚纳海沟像一条黑色的曲线，环绕着马里亚纳群岛。它与其他海沟相连，延伸至日本以北的地方。

太平洋海沟

全球洋底因板块消亡而形成深海沟,最深的海沟位于太平洋地区。下图显示了海沟离海平面的距离。即使是日本北部的千岛海沟,深度也超过了珠穆朗玛峰的高度,珠穆朗玛峰高出海平面8848.86米。

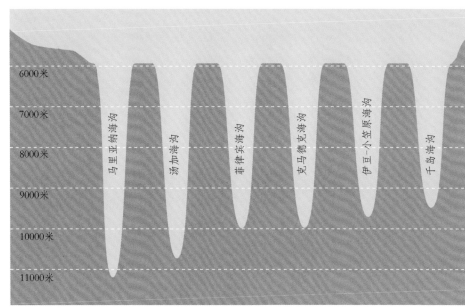

6000米	
7000米	
8000米	
9000米	
10000米	
11000米	

马里亚纳海沟　汤加海沟　菲律宾海沟　克马德克海沟　伊豆-小笠原海沟　千岛海沟

世界上最深的海沟

深潜水

1960年,雅克·皮卡德和唐纳德·沃尔什驾驶"的里雅斯特"号潜艇潜入马里亚纳海沟底部。窄小的船舱悬挂在一个体积庞大、装满汽油的浮体上。这次潜水花了4小时48分钟,是当时最深的一次潜水。

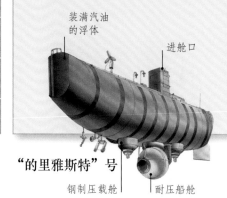

装满汽油的浮体　　进舱口

"的里雅斯特"号

钢制压载舱　　耐压船舱

马里亚纳海沟约为6900米宽。

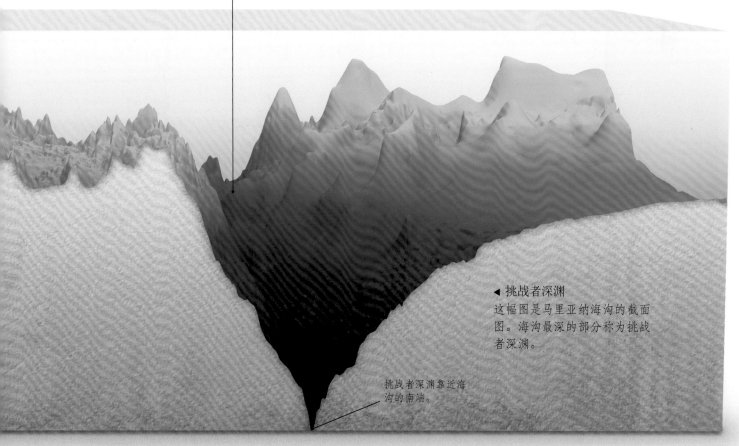

◀ **挑战者深渊**
这幅图是马里亚纳海沟的截面图。海沟最深的部分称为挑战者深渊。

挑战者深渊靠近海沟的南端。

板块摩擦

在海沟的形成过程中产生了长长的火山链。这个过程也将靠近大陆边缘的山脉往上推，引发了毁灭性的地震和海啸。大部分火山俯冲带位于太平洋边缘，有时也称之为太平洋火圈。

岛弧

很多在板块边缘喷发的火山浮出了海面。它们沿着板块边缘形成了一条火山链，也就是岛弧。随着时间的流逝，这些火山不断增多，相互连接在一起。列岛，如北太平洋上的阿留申群岛，最终会成为更大、更长的群岛，就像印度尼西亚巽他岛弧上的爪哇岛一样。

▶ 阿留申群岛
从太空中看，阿留申群岛有将近70座火山岛。

▲ 喷发
爪哇岛附近的喀拉喀托火山位于俯冲带上，该俯冲带是世界上最活跃的俯冲带之一。

菲茨罗伊峰，位于安第斯山脉南部

熔化

在俯冲带上，一块洋壳板块会俯冲到另一板块边缘的下方，插进炽热的地幔中。在此过程中，有些岩石在炙热的温度下熔化。这是因为岩石俯冲时挟带了海水，在海水的作用下，岩石更容易熔化。岩石熔化形成的岩浆在上层板块边缘区沸腾，像火山岩浆一样喷出。

重叠的大陆

洋底一直被拖曳着向大陆边缘下方运动。在这里，摩擦力使大陆边缘弯曲，形成了山脉。南美洲西岸的安第斯山脉就是这么形成的，山脉上还分布着从大陆深处的岩浆带喷发的火山。

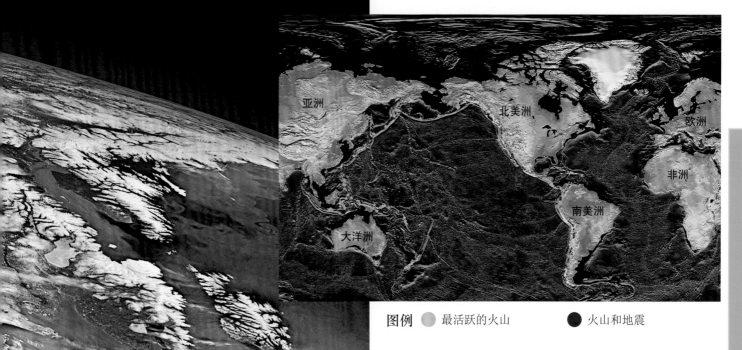

亚洲　北美洲　欧洲　非洲　南美洲　大洋洲

图例 ● 最活跃的火山　　● 火山和地震

太平洋火圈

地球上绝大部分俯冲带位于广阔的太平洋边缘。它们形成了环太平洋的一连串海沟，周围有450多座火山，这就是太平洋火圈。板块不停地运动，逐渐破坏了洋底边缘，导致太平洋的面积以每年2.5平方千米的速度不断缩小。同时，全球多达90%的地震发生在这里。

危险区

俯冲带，也就是一个地壳板块在另一板块下方摩擦的地方，因其会引发地震而闻名。日本位于俯冲带上，因此每年都会经历1000多次地震。每隔数年，日本就会经历一次真正的大地震，地震会造成大规模的破坏和巨大的人员伤亡。

海洋演变

在地球某些地方的新洋底迅速形成的同时，其他地方的旧洋底也被破坏。这两个过程此消彼长，因此地球既不会变大也不会变小。但是，这也意味着某些海洋正在扩大，而其他海洋正在缩小。经过数百万年的演变，这些运动改变了大陆，将大陆分裂，形成新的海洋，或把大陆推到一起，挤压旧的海洋，并使它们消失。

诞生和毁灭

新的洋底随着大洋中脊裂缝的扩张而诞生，最终在海沟下面的俯冲带上消亡。这些变化以不同的速度发生在每个海洋中，使每个海洋的面积不断增大或缩小。

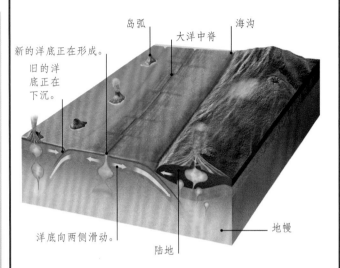

岛弧　大洋中脊　海沟

新的洋底正在形成。

旧的洋底正在下沉。

地幔

洋底向两侧滑动。　陆地

▲ 永不停息的进程
上图解释了洋底如何在大洋中脊上形成，又是如何远离大洋中脊，最终沉入地壳下面炽热的地幔中。

不断变化的大海

数亿年以来，由于洋底在太平洋火圈的俯冲带上逐渐消亡，所以太平洋一直在缩小。与此同时，大西洋洋底俯冲带很少，因此它的面积在稳步增大。

大陆漂移

随着海洋的扩张和收缩，大陆相应地发生了分离或聚合。在地球诞生后的45亿年中，这种运动已经多次改变了世界版图。直到1亿年前，大陆仍是无法辨认的。大约在6600万年前恐龙生活的中生代晚期，人们所熟知的世界才开始形成。

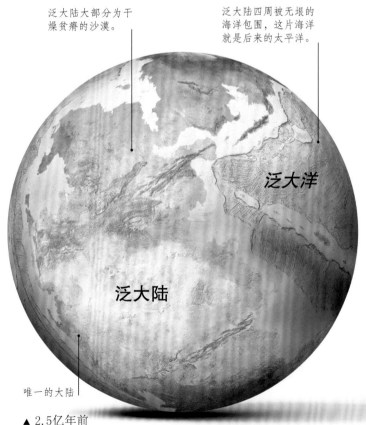

泛大陆大部分为干燥贫瘠的沙漠。

泛大陆四周被无垠的海洋包围，这片海洋就是后来的太平洋。

泛大洋

泛大陆

唯一的大陆

▲ 2.5亿年前
恐龙时代初期，也就是2.5亿年前，所有的陆地聚集在一起形成一个超级大陆。

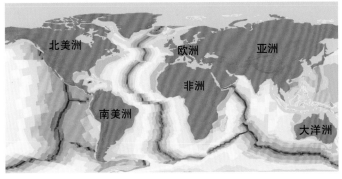

图例

144	89	54.8	24	1.8	无数据

洋底年代
（单位：百万年）

| 154 | 127 | 65 | 33.5 | 5 | 0 |

再生岩石

科学家们选取一些洋底岩石的样本，测量它们的年代。数据表明，最年轻的岩石出现在大洋中脊（图中红色阴影），离大洋中脊越远，岩石的年代就越久远。这也证明了岩石形成于大洋中脊，随后逐渐远离。一些最古老的洋底岩石被拖入海沟下面的俯冲带，在此熔化再生。

地震带

地壳不停地运动，不仅重塑了海洋的形状，改变了大陆的位置，还引发了无数次地震。很多地震在陆地上可以感知到，有时还会带来灾难性的后果。但是，更多的地震发生在洋底，具体说是在大洋中脊不断形成洋底或俯冲带上洋底消失的区域。因此，这些地震点的位置沿着洋底山脊和海沟呈线状分布。

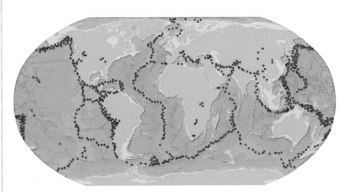

▲ 颤抖的地球

地图上的红点标记了过去50年探测到的所有地震点。大洋中部地震点的分布与最年轻的洋底岩石分布一致。

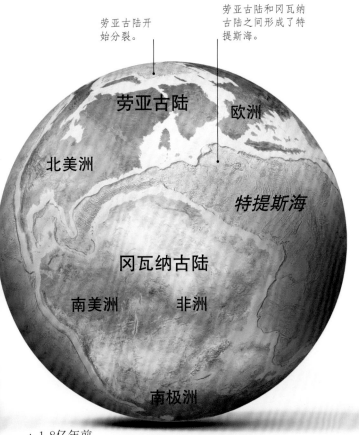

▲ 1.8亿年前

在侏罗纪，泛大陆一分为二，北美洲的轮廓开始成形。

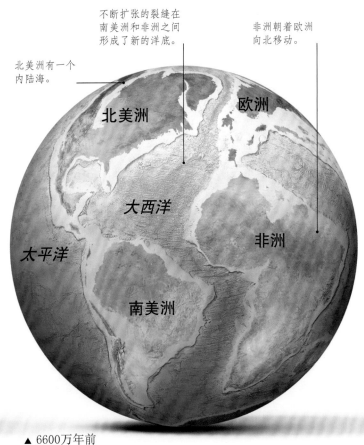

▲ 6600万年前

恐龙时代末期，大西洋不断扩张，推动着美洲大陆远离欧洲和非洲大陆。

近年来，最大的海啸发生的地点如下图所示，位于一个大洋板块滑向另一板块之下的地方。两个板块相连后，突然断裂，引发了海洋地震。并且，火山喷发、沿海山体滑坡甚至是冰架崩塌都可能引发海啸。

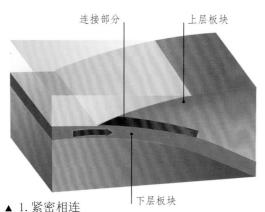

▲ 1. 紧密相连

当下层板块冲向上层板块下方时，下滑的岩层与板块边界紧密相连。

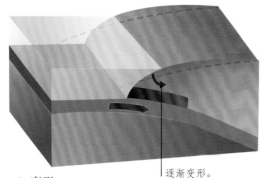

▲ 2. 变形

移动的下层板块迫使上层板块边缘向下弯曲。

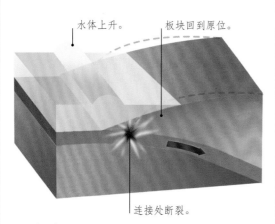

▲ 3. 断裂

在压力作用下岩层断裂，上层板块边缘向上弹，推动水向上运动形成了巨大的水体，也就形成了海啸。

海啸

每隔几年，洋底大地震就会引发一次大规模的岩层移动，岩层移动转化为水流运动并产生了巨浪，也就是海啸。在远海，波浪宽广，浪高较小，覆盖面广。但是，当海啸抵达较浅的水域时，波浪重叠，万丈狂潮涌向海岸，在短短几分钟内就可以淹没陆地。这些巨浪会产生难以想象的破坏力和杀伤力。

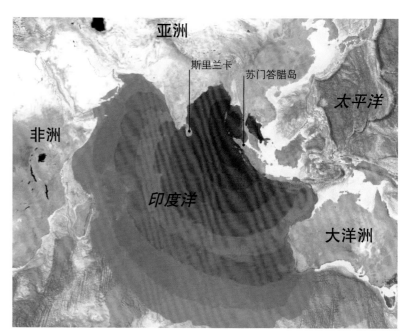

巨浪

海啸引起的巨浪以极快的速度穿越大洋。2004年12月，苏门答腊岛北端发生了一次大地震，引发了灾难性的海啸。海啸向外传播，横跨印度洋，两小时后袭击了印度和斯里兰卡。也就是说，巨浪的传播速度达到了大约800千米/时。

▲ 2004年海啸的巨浪印度洋地图上的每条色带都代表了海啸巨浪每小时传播的距离。巨浪甚至抵达了南极洲海岸，只不过抵达时高度大约只有1米。

哇哦！

2011年，日本北部宫古岛附近发生海啸，海平面上升了9米，波浪进入内陆10千米处。

登陆

当海啸到达浅水区时，波浪变得短而陡峭，形成了极高极宽的波峰和深度相同的波谷。波谷通常先抵达海岸，大海会像退潮时一样后退。但是，海啸波峰接踵而来，冲向海岸，淹没陆地。

▲ 海啸汹涌
2011年，日本海啸爆发，海水奔腾而入，冲毁了宫古岛周围的海堤。

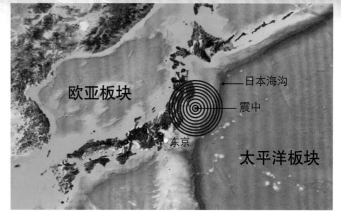

欧亚板块

日本海沟

震中

东京

太平洋板块

灾难带

海啸冲向陆地时，海水就像一个巨大的液体推土机，摧毁了沿途的一切。流水挟带着漂浮物变得越来越重。这些漂浮物中还包括远洋舰船，它们通常会在被破坏的沿海城市的中心搁浅。

强大的地震

2011年，大地震引发了日本海啸，太平洋洋底向西滑入日本海沟20多米。同时，日本本州岛往东移动了2.4米。东边的一长条海岸带下沉了60厘米，这使得海啸巨浪淹没了更多的陆地。一些残骸被卷入海中，穿越太平洋漂到了美国。

热点

在地球的某些地方，洋壳板块缓慢地在地幔上极热的地方——热点上方移动。在活动的地壳中，每个热点都会形成一座火山。火山一旦离开了热点，就会消亡，新的火山会在原地喷发。经过数百万年，这一过程形成了链状群岛。

夏威夷群岛
最长的岛链

位置 太平洋中部
最高点 4205米
最后一次喷发 一直处于活动状态

夏威夷群岛是由太平洋板块中部的一个热点形成的，群岛位于热点之上，以每年9厘米的速度向西北移动。经过了8000多万年的演变，这些火山在热能的作用下从移动的板块中喷发，形成了一条岛链和一条横跨太平洋6000千米的海底山脉。

▶ 火喷泉
夏威夷热点现在位于夏威夷最南端的岛的下面，这里有世界上最活跃的火山——基拉韦厄火山。自1983年以来，这座火山几乎一直在不停地喷发。

冰岛
扩张的裂谷

位置 北大西洋
最高点 2110米
最后一次喷发 一直处于活动状态

冰岛是由大西洋中脊下的一个热点喷发形成的大量玄武岩构成的。岛屿下面的地壳板块正在不断远离，引发了很多火山和间歇泉的喷发。但是由于热点不在一个移动的板块下方，所以没有形成一条岛链。

留尼汪岛
热带热点

位置 西印度洋
最高点 3070米
最后一次喷发 一直处于活动状态

留尼汪岛在印度洋一条较短的火山链的南端，火山链上还有毛里求斯。这条火山链的水下部分向更北处延伸，位于马尔代夫珊瑚群岛下面。该热点现在位于留尼汪岛东南角下方，使富尔奈斯火山定期喷发。

火山链

地壳下的热点不停地给岩石加热，岩石受热后膨胀上浮。一些岩石熔化后喷发成为玄武岩，形成了一座火山岛。板块运动挟带着火山远离热点，阻止了火山的喷发。火山下的岩石冷却后体积缩小，岛屿下沉，最终成为一座被淹没的海山。有些热点创造了数百座类似的火山岛和海山。

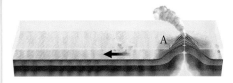

▲ 1. 喷发
静止的热点在地球移动板块上烧出了一个洞，形成了火山（A）。火山喷发形成了岛屿。

▲ 2. 消亡
经过数百万年，这座岛屿远离热点，开始下沉，新的火山（B）开始喷发。

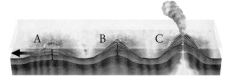

▲ 3. 下沉
随着火山链上的第一座岛屿沉到波浪之下，第二座岛屿逐渐离开热点，第三座火山（C）喷发了。

蓝色星球

阿森松岛
休眠火山

位置 南大西洋
最高点 859米
最后一次喷发 700年前

阿森松岛是巴西和西非之间的大西洋中脊附近的一座热点岛。它只有500万年的历史，从地质学的角度来说还很年轻，目前还不是热点链的一部分，不过将来可能是。它的表面到处都是图中这样的火山口，但是这些火山都处于休眠状态。

复活节岛
三峰

位置 东南太平洋
最高点 507米
最后一次喷发 1万年前

复活节岛由三座相互连接的火山组成，位于一条海山链的西端，向东延伸4000千米至南美洲。洋底越过复活节岛附近的热点向西滑时，形成了这条海山链，但是现在岛上的火山都是死火山。

▲ 石像
复活节岛以其众多的巨大石像而闻名。几个世纪前，某一火山的斜坡被切割，所得岩石被雕刻成了石像。

科隆群岛
移动的群岛

位置 东太平洋
最高点 1707米
最后一次喷发 2009年

科隆群岛又名加拉帕戈斯群岛，位于南美洲太平洋沿岸的赤道地区，包括21座火山岛和一些在太平洋洋底热点上形成的更小的岛。群岛以每年6.4厘米的速度向东远离该热点，最古老、最东边的火山现在都是正在下沉的死火山。费尔南迪纳岛和伊莎贝拉岛上最年轻的火山依然很活跃，这里是被黑色玄武岩覆盖的荒芜之地。这个群岛也以它独特的野生动物而闻名。

▼ 被淹没的火山口
洛卡斯班布里奇小岛位于圣萨尔瓦多岛东海岸，是水下火山锥的尖端。

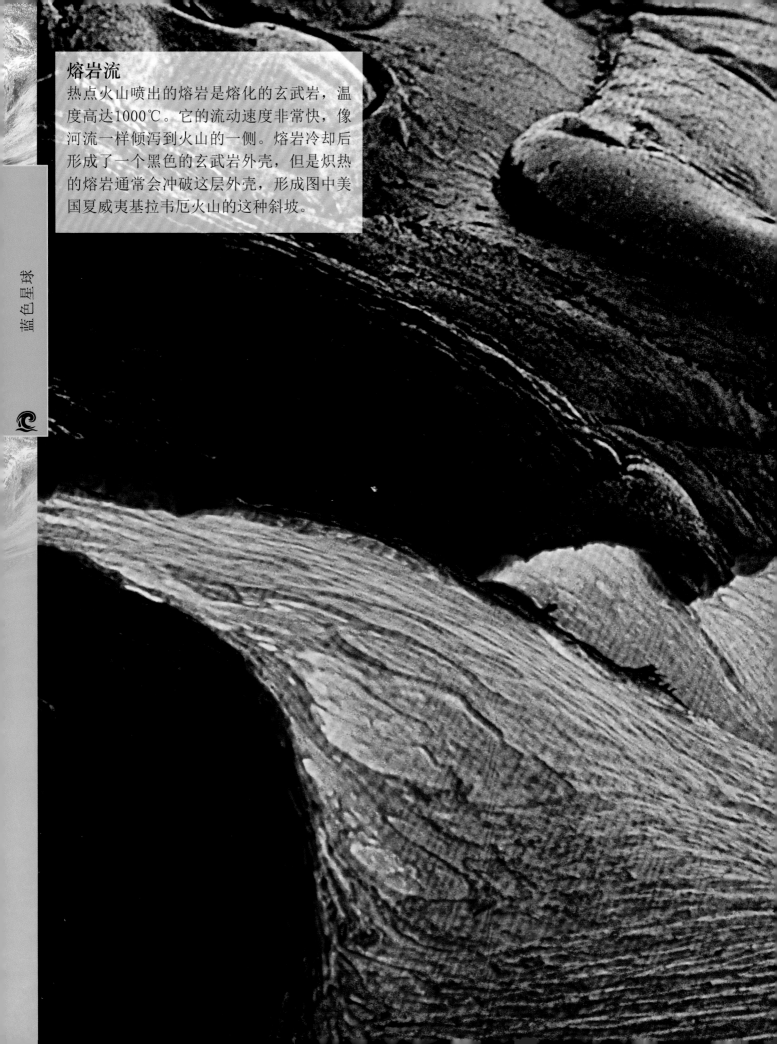

熔岩流

热点火山喷出的熔岩是熔化的玄武岩，温度高达1000℃。它的流动速度非常快，像河流一样倾泻到火山的一侧。熔岩冷却后形成了一个黑色的玄武岩外壳，但是炽热的熔岩通常会冲破这层外壳，形成图中美国夏威夷基拉韦厄火山的这种斜坡。

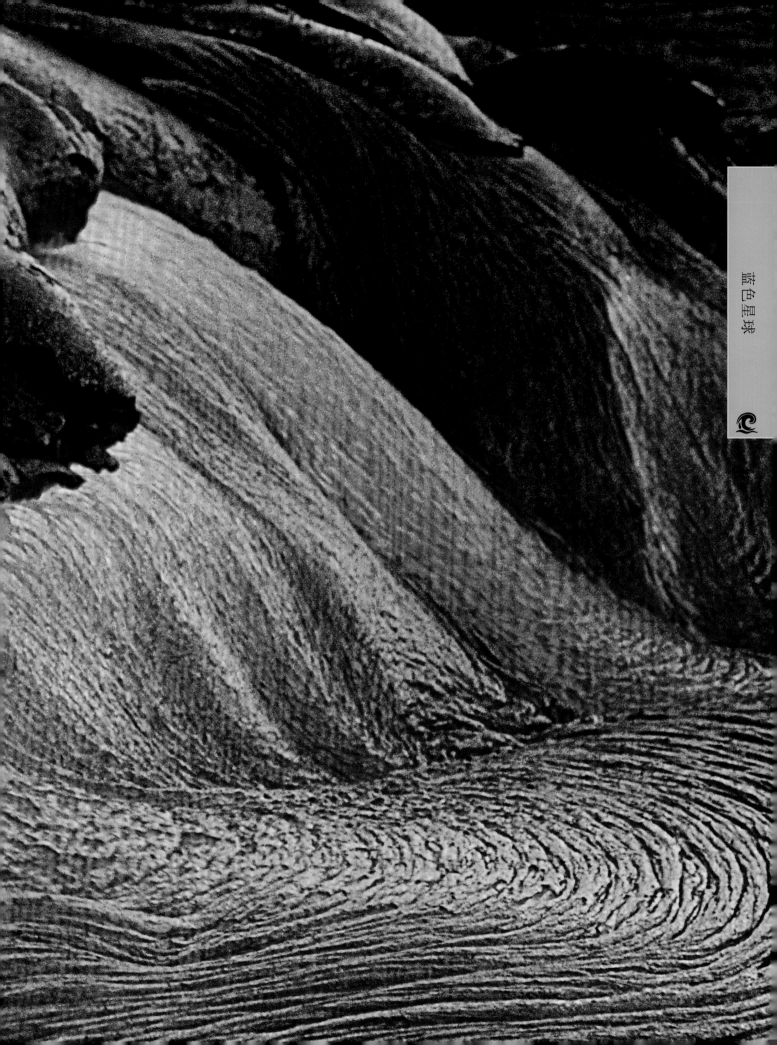

大陆架

海洋边缘是比远海浅得多的浅海水域。这是因为此处的海床并不是深海洋底，而是被海水淹没的大陆边缘。海浪的侵蚀作用在海平面处切掉了大陆边缘，形成了一个由大陆岩石构成的浅海海床，这就是大陆架。大陆架的外缘倾斜形成大陆坡，向下延伸至洋底。

海岸侵蚀

大陆边缘被波浪不停地侵蚀，坚硬的岩石也被磨成了构成沙滩的鹅卵石和沙子。这种海岸侵蚀形成了大陆架的浅海海床。海床同大陆一样，都是由沉积岩覆盖的坚硬基岩构成的。

哇哦！

在靠近北极的斯堪的纳维亚半岛，大陆架最大限度地向北极延伸。

大陆架、大陆坡和大陆隆

一般来说，大陆架从海岸向外延伸80千米。外缘被称为大陆架坡折，除此之外，大陆架的倾斜形成了大陆坡。大陆坡脚下的岩石碎片层是大陆隆，它掩藏了从大陆岩石到洋底玄武岩的过渡地带。

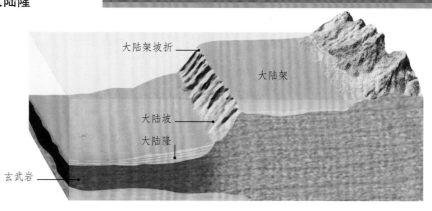

大陆架坡折

大陆架

大陆坡

大陆隆

玄武岩

蓝色星球

浅海海床

大陆架海床平均深度为150米。近海最深处位于大陆架坡折上，通常在水下200米处。大陆架坡度很缓，几乎全部被柔软的泥沙覆盖。很多泥沙是海岸侵蚀的产物，但是也有一些是河流入海时挟带而来的。泥沙与微小的海洋浮游生物尸体混合在一起。

礁石和沙滩

柔软的海床上零星点缀着一些礁石，有些地方在流水的作用下形成了浅滩和沙砾。一直以来，这些隐蔽的浅滩都给船舶航行带来风险，尤其是在没有精确航海地图或无法精确测量海底深度的时代。因此，大陆架海床上到处都是失事船只的残骸。

浊流和峡谷

大河挟带着大量泥沙从陆地涌入海床。这些沉积物随着强大的浊流一起涌出大陆架，在大陆坡上凿出了峡谷。有些峡谷深度可达800米。

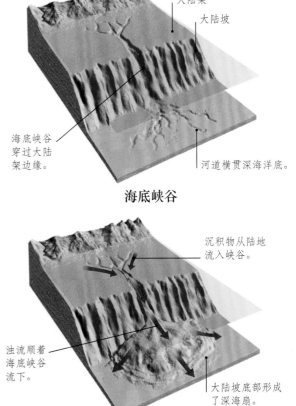

大陆架

大陆坡

海底峡谷穿过大陆架边缘。

河道横贯深海洋底。

海底峡谷

沉积物从陆地流入峡谷。

浊流顺着海底峡谷流下。

大陆坡底部形成了深海扇。

浊流

海平面变化

全球海平面一直在上升或下降，这一般是由气候变化引起的。很多地方的海床本身也已经上升，或者陆地沉到了水下。因此，人们可以在陆地上发现一些含有鱼类和贝壳化石的海底岩石，而那些曾经是陆地的地方现在也变成了浅海区。

在科罗拉多大峡谷的岩壁上可见岩石层

上升的岩石

形成大陆的很多岩石都曾经是海床上柔软的沉积物，如沙子和淤泥。后来，它们变成了岩石——砂岩、页岩和石灰岩。在很多地方，如科罗拉多大峡谷，你会发现这些岩石分了很多层。在形成山脉的内力作用下，这些岩石从海平面升起，而很久以前它们都在水下。

🔍 古代海洋

我们知道，很多岩石曾经在海里，因为它们含有贝壳和鱼骨化石。这些化石甚至在高出海平面8800多米的珠穆朗玛峰峰顶的石灰岩中也曾被发现过。这些化石表明，4亿年前，这些岩石形成于浅海区的海床上。

▲ 鹦鹉螺化石
这些贝壳是海洋生物的遗体，这些海洋生物与现存的乌贼是近亲。通常在陆地上的岩石中可以发现它们。

下沉的海洋

大约1万年前，末次冰期结束了，很多雨水变成了冰雪，导致全球海平面下降了约120米。大陆架上大片的区域都露出了海面，成为人类和猛犸象等陆地动物的家园。现在，有些猛犸象的尸体长眠在海里。

▶ 猛犸象象牙
渔民在大西洋海岸发现了猛犸象的象牙化石。

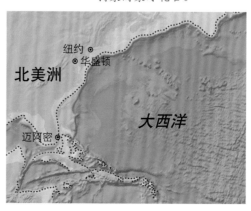

北美洲

纽约
华盛顿

大西洋

迈阿密

◀ 旱地
红色虚线标记了22000年前冰期时大西洋在美洲的海岸线，当时猛犸象在现在的大陆架上漫游。浅蓝色区域现在是浅海区。

回升

北方的大陆架上覆盖着厚厚的冰，冰的重量给地壳施加了向下的压力，将下面较软的地幔物质推向一边。当冰融化后，地壳开始缓慢上升。因此，曾经一度是海滩的海滨区现在高出了海面，而且还在上升。

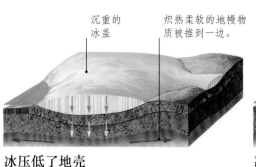

沉重的冰盖　　炽热柔软的地幔物质被推到一边。

地壳缓慢上升。　　地幔物质回流。

冰压低了地壳　　　　**冰融化，地壳上升**

淹没峡谷

随着冰期的结束，冰盖融化，融水全部流入了大海，使全球海平面上升。6000年前，海平面也曾达到过现在的高度，海水淹没了很多冰期形成的地貌。例如，很多深谷曾经被寒冷的冰川覆盖，现在都被淹没了，形成了陡峭的峡湾。

▼ 盖伦格峡湾

在冰期，这个峡湾位于海平面之上，现在位于挪威沿岸，被海水淹没了。

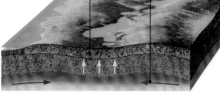

哇哦！

很多北方的海滨区以每个世纪1米的速度上升。维京人1000年前使用的港口现在已经升到了海平面以上10米处。

海水

什么是水？人们对它习以为常，因此从来都不会多想。水是一种具有某些独特属性的神奇物质，对生命非常重要，尤其是海水，含有生物生长繁殖所需的大多数化学物质。

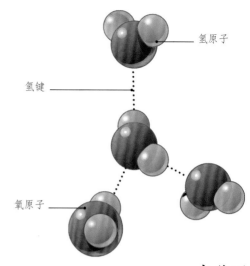

氢原子

氢键

氧原子

水分子

水的分子式是H_2O，即单个水分子是由两个氢原子（H）和一个氧原子（O）结合而成的。同时，氢键使水分子相互依附，形成液体。每一滴水中约有10亿个水分子。

云飘到陆地上空。

雨变成雪降下来。

冰雪覆盖在冰冷的地面上，但在夏天雪通常会融化。

雨水汇集在湖中。

小水滴越来越重，形成降雨。

上升的水汽冷凝，形成由小水滴构成的云。

部分水蒸发，升到空中。

部分水渗入地下，流入海洋。

河流带着水和矿物质流回大海。

水循环

在阳光的照射下，海水不断升温，变成了水汽升到空中，水汽冷却后形成云。云最后又生成降水，雨水通常会降落到陆地上，然后从陆地流进河流中，回到大海。

蓝色星球

48

咸水

水能够很好地溶解某些物质，如形成岩石的矿物质。从陆地流入河流中的水中包含很多溶解了的矿物质，如人们熟知的盐。它们被带入海中，经过数亿年逐渐累积起来。大部分盐的成分是氯化钠，与食盐的成分一样。这也是海水为何尝起来很咸的原因。

固态、液态和气态

当温度极低时，水分子依附在一起，形成冰；当温度较高时，水分子分开，形成水汽。结冰和蒸发之间的温度差异非常小，因此水可以同时以冰、水和水汽三种状态在同一地方存在。这也是水独一无二的特性。

▲ 咸水湖

在炎热的地区，陆地上的水会蒸发，留下了与咸水湖边缘析出的结晶盐类似的物质。在海洋中，盐都被溶解了，因此看不见。

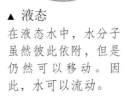

▲ 气态

当水变成水汽（一种气体）后，水分子彼此分离，飘浮在空中。

▲ 液态

在液态水中，水分子虽然彼此依附，但是仍然可以移动。因此，水可以流动。

▲ 固态

水结冰后，水分子组成了固体三维结构，形成了冰。

生命化学

除了让海水变咸的矿物质，海水中还含有其他溶解物质，如碳、氧、氮、磷、钙和铁。它们都是蛋白质等复杂分子的主要成分，对所有形式的生命都非常重要。因此，海洋成了一个理想的栖居地。化石证据表明，地球上最早的生命形成于海洋中。现在，海洋中仍有大量各种各样的动物。

光、热和声音

水可以吸收光和热。也就是说，光和热都不能穿透到海洋深处，但是声音不同，声音可以在水中很好地传播。海水缓慢地升温和冷却，对附近海岸的气候有很大的影响。同时，它也可以通过海流将热量送到地球的其他地方。

蓝色海水

即使在浅海，海水看上去也是蓝色或蓝绿色的。这是因为阳光中其他颜色的光都被海水吸收了。红色的光最先被吸收，接着是黄光、绿光和紫光。所有从水中折射出来的光中都不含这些颜色的光，最后只剩下了蓝光，因此海水一般看起来是蓝色的。

▲ 自然光
在自然蓝绿光下，珊瑚礁被照亮。

▼ 闪光灯
照相机闪光灯发出的纯白色光揭示了珊瑚礁的真实颜色。

海洋温度

太阳光直射热带，使热带海洋表面的温度上升至30℃左右。但是在两极地区，即使是夏季，太阳高度也较低，辐射强度较小。冬季，两极地区几乎没有温暖的阳光照射，海洋全部封冻。但是暖流流向两极地区，防止海洋进一步变冷，从两极流出的寒流可以使热带降温。

图例

90°F — 30℃

70°F — 20℃

50°F — 10℃

30°F — 0℃

海洋和大陆

海水与陆地不一样，从来都不会很热或很冷，主要是因为它吸收和释放热量的速度很慢。这影响了岛屿和沿海地区的气候，使这些地方的气候比陆地中心地带更加温和。因此，岛上居民的感受也绝对与陆地中心地带的居民不同，夏天他们不会觉得那么炎热，冬天也不会觉得那么寒冷。

▼ 海洋性气候
太平洋环绕在新西兰岛周围，给新西兰带来了温和湿润的气候。

▲ 座头鲸
这些鲸鱼通过"唱歌"来与彼此交流，如一系列的嚎叫、低吟和叫喊，通常可持续数小时之久。

声音迅速传播

声音在水中的传播速度差不多是在空气中的5倍。因此，即使相隔很远，鲸鱼等海洋动物也可以听到彼此的呼唤。在海洋的某些地方，声音的传播效率如此之高，以至于在海洋一边的鲸鱼呼唤一声，远在海洋另一边的鲸鱼都可以听到。

哇哦！

声波在水中的传播速度比在空气中快，且越往深处越快。

死亡之音

有些动物，如这种极小的鼓虾，会将声音作为武器。鼓虾拥有一对可以开合的独特的螯。当猎物靠近时，它们会将巨螯合上，发出枪击般的噪声杀死猎物。霎时间，这种声音成了海洋中最大的声响之一。

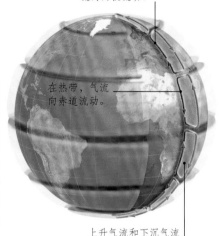

在温带，低空气流向两极流动。

在热带，气流向赤道流动。

上升气流和下沉气流形成了环流圈。

气流循环

在热带，暖空气上升后向南或向北运动，随后冷却下沉，在低空向赤道地区回流。在温带，空气上升流向赤道地区，然后下沉并再次流走。在两极，冷空气下沉后流向温带。

北半球热带气流向西偏移。

北半球温带气流向东偏移。

南半球热带气流向西偏移。

南半球温带气流向东偏移。

地球自转和偏移

地球自转使空气运动发生偏移。赤道以北的气流向右偏移，赤道以南的气流向左偏移。因此，向赤道运动的热带低空气流向西偏移，远离赤道运动的温带气流向东偏移。于是，海洋上空形成了盛行风。

海风

太阳使大气层不断升温，因此地球在自转过程中形成了向东或向西运动的全球大气环流。海洋上空的气流运动模式一般可以预测，通常吹向同一方向。人们所熟知的盛行风包括热带信风和凉爽海域上较强的西风带。

信风

在地球自转和偏移的作用下，盛行风自西向东吹过赤道附近的热带洋面。它们也被称为信风或贸易风，这主要是因为在汽船发明之前，在不同的大陆之间从事贸易使用的是高桅横帆船，这些帆船通常需要借助信风向西跨越大洋。在大多数情况下，信风是徐徐的微风，偶尔也会出现强风。

强劲的西风带

在温带较冷的海洋上，盛行风自西向东吹。人们通常根据风的来向命名风，因此这个区域被称为西风带。在两极附近的地区，盛行西风非常强劲，尤其是在南极洲附近的南大洋上。

▶ 南大洋

在遥远的南方，没有任何大陆可以阻挡气流，强劲的西风带又被称为咆哮西风带。

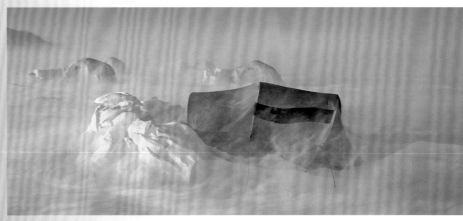

▲ 南极暴雪

凛冽的极地东风卷起松散的积雪，砸向安扎在南极洲沿岸海冰上的帐篷。

极地东风带

在两极附近的冰雪海域，气流在从两极向较温暖的温带运动的过程中会向西偏移。这就意味着寒冷的极地海洋上空的盛行风是自东向西运动的。在盛行风的推动下，浮冰也向西运动，尤其是在北冰洋以及南极的威德尔海和罗斯海。

无风带

无风带位于热带信风带和西风带之间，这一区域几乎没有风。这些无风区域集中于赤道附近，又称为赤道无风带。无风带给没有发动机的帆船带来了极大的难题。帆船可能会一连数周被困在无风带，通常会耗尽所有的食物和淡水储备。

海洋风暴

虽然远海大部分时间刮的是定向风，但是由于受到局部天气系统的影响，风场也会发生变化，常常会带来暴雨。暖湿空气从海洋上空升起，形成了这些天气系统。这些天气系统产生的旋转的气流，也就是气旋，会引发极具破坏性的风暴。

暴雨云

暖空气从太阳晒过的海洋上空升起，挟带了很多看不见的水汽。在上升过程中，空气冷却，一些水汽又变回小水滴，形成云。大量的暖湿空气上升，在此过程中形成了含有很重水分的巨型暴雨云。最后，暴雨云中的水溢出，形成暴雨。

旋转的气旋

随着暖空气上升，海面处的空气重量会减少，形成一个低压区。四周的空气卷入低压区，弥补了上升的气流。暖空气上升速度越快，气压越低，空气运动就越快，形成了强劲的风。这些天气系统被称为气旋或低压。气旋在北半球呈逆时针旋转，在南半球呈顺时针旋转。

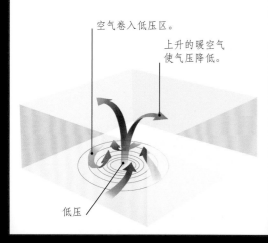

空气卷入低压区。

上升的暖空气使气压降低。

低压

锋面风暴

在热带北部或南部的温带地区，极地冷空气沿着极锋这条隐形边界推动着热带暖空气向上运动。这有利于在寒冷的北大西洋等海洋上形成气旋。气旋被盛行西风带着向东运动，有时候会引发强烈的暴风雨，如图中的暴风雨，这场暴风雨侵袭了位于英国大西洋沿岸的一座小镇。

飓风

热带海洋的高温导致庞大的云层在气压极低的地区周围聚集，形成了巨大的气旋。空气迅速卷入低压区，推动着云层旋转，形成了飓风。这些地球上最强烈的风暴也被称为台风或热带气旋。

▲ 螺旋云
卫星图显示了飓风横扫美国佛罗里达州的情形。飓风风眼附近的风速达到了每小时350千米，造成了巨大的破坏。

风暴潮

飓风风眼处的气压极低，使得海水像海啸波一样堆积，这种效应称为风暴潮。风暴登陆时，通常伴有风暴潮。大浪如果达到一定高度，就会淹没海防，造成特大洪水。

▲ 被淹没的城市
2005年8月，飓风"卡特里娜"引发的风暴潮袭击了沿海地区，美国新奥尔良的房屋都被海水淹没了。

海浪

风吹过海洋时会在洋面掀起波浪。风越大，刮得时间越长，波浪就越大。波浪在传播过程中会不断增长，因此最大的浪通常是在广阔海洋上传播了很长的距离，尤其是在太平洋上。有时，这种波浪对海岸的冲击是毁灭性的。在海洋上，它们的破坏力相对较小，不过也有极少数的特大波浪会给海上行驶的船只带来危险。

波浪类型

微风吹过平静的水面，水中开始形成点点涟波。如果风继续吹，涟波就会不断扩大，形成一种不易辨认的波浪类型。这种波浪称为碎浪，形状大小各异。渐渐地，这种无序的波浪变得越来越有序，最后成了涌浪——一系列有规律的大波浪，它们横跨大洋，传播距离较远。

▲ 涟波
空气运动拖曳着水面向上运动，形成了涟波。这些细小的波浪一般不足25毫米高。

▲ 碎浪
涟波最后会变成碎浪——众多细小的约半米高的无序波浪。

▲ 涌浪
经过一段时间，波浪开始形成了有规律的涌浪，涌浪翻滚着穿越大洋。涌浪的波峰通常会远高于波谷。

波浪的形成

风掠过洋面时形成了波浪。在风的推动下，波浪向前运动，但是波浪中的水仍然停留在原位。事实上，每一滴水都会随着波浪做循环运动，先向前翻滚，接着又回到原位。这也是为什么波浪在下方滚动时，上方漂浮的物体，如鸭子，仍然能待在原位。

浪高

波浪传播得越远，波浪就越大。一阵狂风刮过，小的湖面只会形成细小的波浪，但是同样强度的风刮过洋面，就会掀起10米巨浪。最大的波浪形成于南大洋，那里没有任何陆地的阻挡，强劲的西风推动着巨浪横扫南极洲。

▼ 大西洋风暴
咆哮的狂风吹散了巨浪波峰上的水花，给海上作业的渔船造成了威胁。

巨浪

在海上，有规律的涌浪可能会非常高，但没有什么特别的危险。但是，如果两个涌浪汇集到一起，它们就会相互冲撞，形成20多米高的超级巨浪。这些巨浪也形成于一系列风暴潮与强烈的逆流交汇的地方。这样的巨浪可以直接淹没庞大的船只，甚至可以将船掀翻。

破碎波

波浪接近海岸进入浅水区后，会变得短小而陡峭。这样，每一个波浪都会更加头重脚轻，直到最后，波峰向前塌入含有大量泡泡的水中，这些含有泡泡的水也被称为破碎波。海岸从深水区向上倾斜，角度越陡，波浪拍击海岸就越激烈，将水猛推到海滩上。

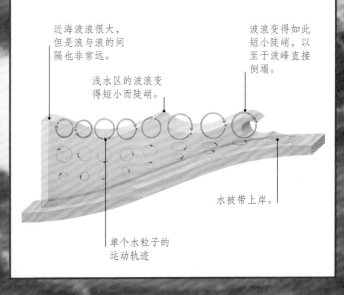

近海波浪很大，但是浪与浪的间隔也非常远。

波浪变得如此短小陡峭，以至于波峰直接倒塌。

浅水区的波浪变得短小而陡峭。

水被带上岸。

单个水粒子的运动轨迹

哇哦！

1995年，"伊丽莎白女王"2号远洋客轮在大西洋航行时遭遇飓风，被约29米高的巨浪击中。

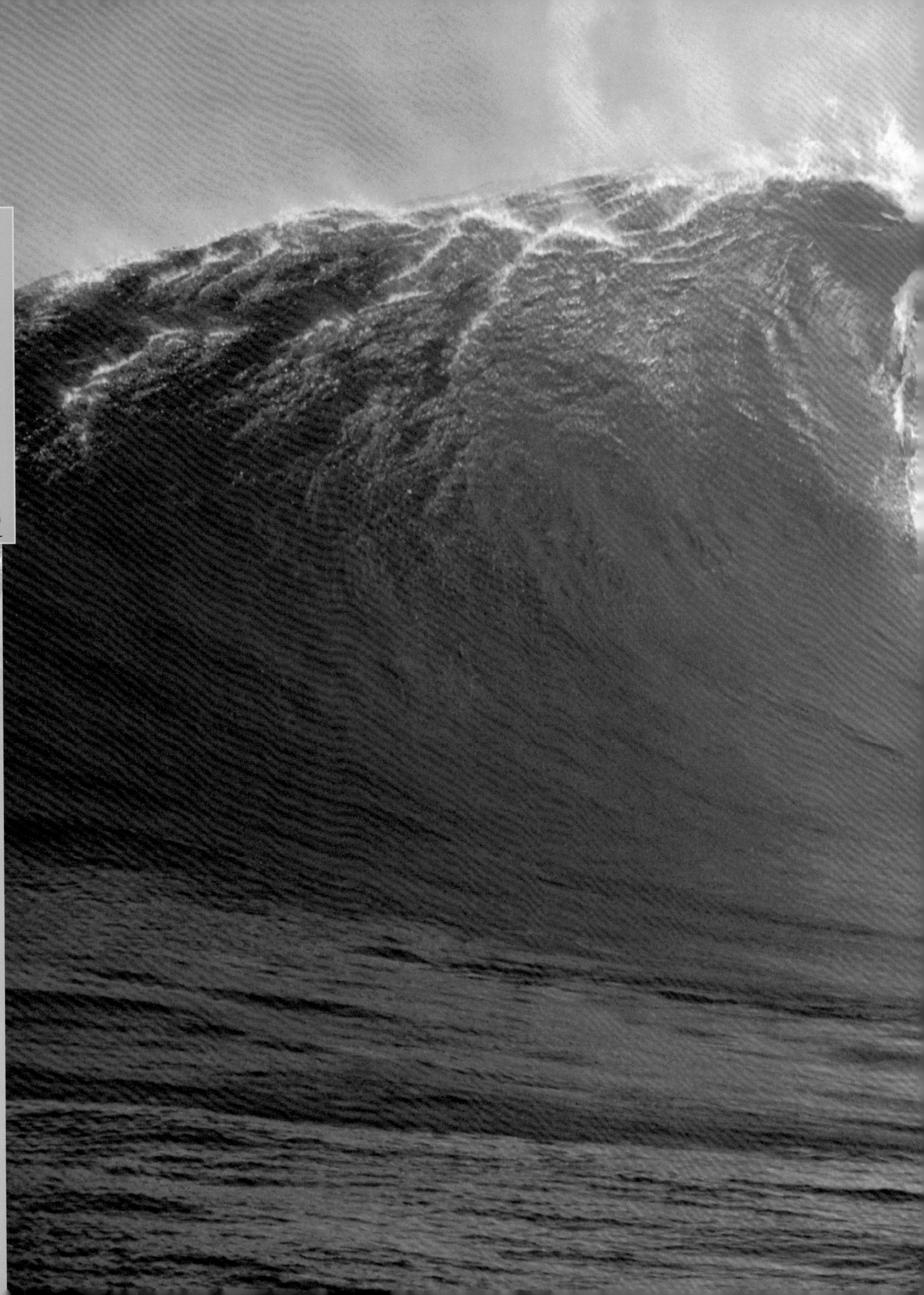

卷碎波
来自太平洋的巨浪波峰倒塌，在美国夏威夷海岸形成壮观的卷碎波。这个波浪可能已经传播了4000多千米，在传播的过程中波浪不断壮大，席卷至浅水区时，形成了这种激动人心的巨浪。

表层海流

风掀起了海浪，也推动了强大的表层海流。在地球自转的作用下，全球气流运动产生了盛行风，盛行风成为海流运动的主要动力。地球自转效应也影响了海流本身，使其向左或向右偏移。因此，形成了绕大洋运动的大型环流，环流将冷水带到热带地区，同时将暖水带到两极地区。

哇哦！

北大西洋的湾流输送水的速度约为1.5亿米^3/秒。

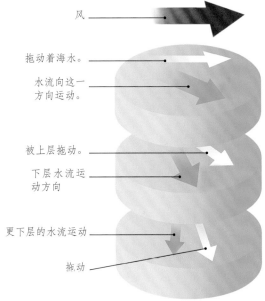

风

拖动着海水。

水流向这一方向运动。

被上层拖动。

下层水流运动方向

更下层的水流运动

拖动

奇特的效应

地球自转效应使风偏转，海流也如此。在北半球，海流向右偏转；在南半球，海流向左偏转。表层的水流运动拖动着深层水流，使深层水流向左或向右偏转更多。因此，海流方向随着深度的变化而变化，这一模式称为埃克曼输送。

转啊转

在赤道以北的热带大西洋上盛行东北信风，埃克曼输送推着水向西运动。海流北上抵达北美洲时，向右偏转，形成湾流。在盛行西南风的推动下，湾流向东运动，然后向南偏转形成了加那利海流。这一过程中形成的环流称为北大西洋环流。其他大洋上也有类似的环流。

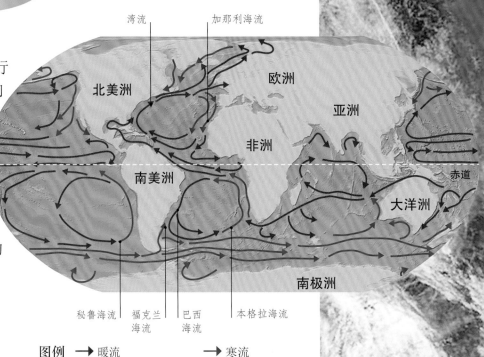

湾流　加那利海流

北美洲　欧洲

亚洲

非洲

南美洲

赤道

大洋洲

南极洲

秘鲁海流　福克兰海流　巴西海流　本格拉海流

图例　→ 暖流　　→ 寒流

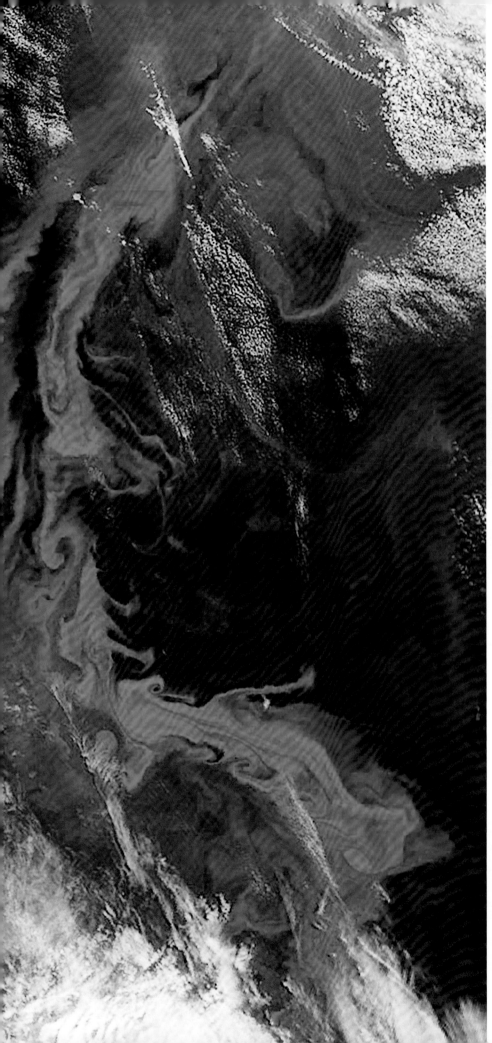

热泵

在赤道附近，所有的海流都向西运动，随后分别向北和向南运动，形成了西边界流，如湾流和巴西海流。这些海流将暖水带到较冷的地区，使该地区的冬天温暖一些。同时，东边界流，如秘鲁海流和本格拉海流，将寒冷的极地水带到热带地区。

▲ 热带花园
在湾流的影响下，位于北大西洋的锡利群岛上形成了相当温暖的气候。

看得见的海流

当寒流和暖流交汇时，冷水下沉，暖水上浮，将洋底的矿物质带到海洋表面。这些矿物质对于微小的浮游海藻等浮游生物的生长极其重要。浮游生物迅速繁殖，给鱼类和其他动物提供了食物。这一效应在大陆架浅海区非常明显，因为这里的海床离海面更近。有时候，你能看到不同颜色的浮游生物大量繁殖，这种现象显示了两种海流的运动情况。

◀ 彩色标记
从太空俯瞰，这些浮游生物大量繁殖，成了较暖的巴西海流（挟带着蓝色的浮游生物）和较冷的福克兰海流（挟带着绿色的浮游生物）交汇处的标志。

马尾藻海

北大西洋中心附近有一处温暖平静的海域，被称为马尾藻海。它位于从大西洋向北到赤道呈顺时针运动的表层海流中心地带。这些海流将漂浮的海藻带到马尾藻海，形成了一个由漂浮的海洋生物组成的独特生态系统。

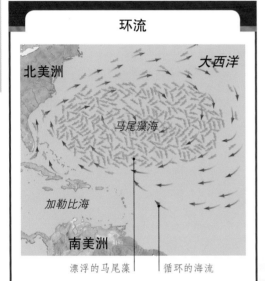

环流

北美洲　　　　　　　　大西洋

马尾藻海

加勒比海

南美洲

漂浮的马尾藻　　　循环的海流

巨大的海洋环流中有一些强大的海流，这些海流环绕着宽阔海域运动。表层水流动时，较深的海水被推向一侧，因此海流就将海水推进了环流中心。在北大西洋，这种效应形成了马尾藻海。

水上花园

海藻是马尾藻海的一大特征，它非常特别，因为这里的海藻并不依附在岩石上，而是漂浮在海中，自由生长。这里的海藻也被称为马尾藻，恰好在波浪下的温暖水域形成了一个浅浅的漂浮着的花园。有些种类的马尾藻叶子上还有气囊，可以漂浮在海面上。这层漂浮的海藻只有几厘米深，但是上面栖居了一些的特殊生物，这些生物在其他地方无法生存。

鳗鱼托儿所

栖居在欧洲河流中的鳗鱼将马尾藻海作为繁殖地。成年鳗鱼顺流而下，跨越大洋到达马尾藻海。它们在这里产卵，卵孵化成一条条长得像叶子的小鳗鱼仔。鳗鱼仔随着湾流漂移，向东横跨大西洋，最终达到欧洲，这时它们已经长成为纤细而透明的鳗鱼。

不幸的是，海流不仅将漂浮的海藻带入马尾藻海，还将从船上倾倒或河流中挟带的垃圾带入马尾藻海，并将这些垃圾推到马尾藻海的中心地带，形成了一个漂浮的垃圾堆。

潜伏的杀手

马尾藻鱼是一个伪装大师。它们的鳃和身上的附属物看上去就像海藻叶，因此它们可以躲在漂浮的海藻中伏击猎物。它们的嘴巴非常大，可以直接吞下鱼类，甚至其他马尾藻鱼。

梭子蟹

大部分螃蟹栖居在海床上，不过生活在马尾藻海里的梭子蟹已经适应了在这片漂浮着海藻的宽阔海域中游泳。这种螃蟹极其擅长伪装，藏在海藻中很难辨认。因此，小虾、小虫、海参及其他猎物稍不留神就会被它们偷袭。

小蠵龟

北大西洋蠵龟在热带海滩上孵化后，会前往马尾藻海。在这里，小蠵龟可以藏在漂浮的海藻中躲避敌人的袭击。它们依靠捕食在海藻中生活的小动物为生。当体长长到45厘米时，它们就会离开这里，前往较浅的近海海域。

富饶的海域

在上升流的作用下，从海床上升的深层水含有大量溶解性营养物质，为藻类等浮游植物提供了养料。浮游植物繁茂生长，给成群的小动物提供了食物。而这些小动物则养育了大群类似于凤尾鱼的小鱼，这些鱼群吸引了更大的动物，如鲨鱼、海豚和其他海洋捕食者。

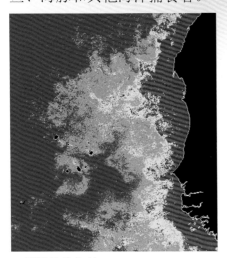

▲ 浮游生物生长
这是非洲西海岸上升流区的卫星图，图中的红色和黄色部分显示了浮游生物的密集生长区域。

▲ 徘徊
上升流区里有丰富的猎物，吸引了许多体型庞大、饥肠辘辘的捕食者，如图中这些锤头鲨。

上升流区

在地球的某些地区，盛行风驱动海洋表层水远离海岸，而深层水被迫上升来弥补表层水的流失。这些海水中含有大量化学物质和矿物质，可以促进浮游生物繁殖，为鱼类提供养料。类似的上升流效应在水下海山和赤道附近形成了食物丰富的区域。但是，有些区域表层水则被迫下降，结果与前者相反。

海山

海底死火山，也就是海山，覆盖着营养丰富的沉积物。海流从海山附近流过，形成了局部上升流区，将这些营养物质带到海洋表层。这些孤立的热点通常有着独特的野生动物。

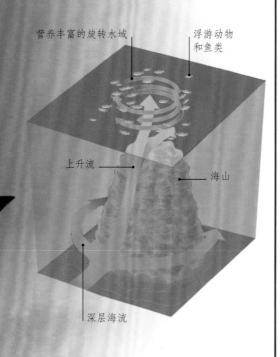

营养丰富的旋转水域

浮游动物和鱼类

上升流

海山

深层海流

厄尔尼诺

如果深层水停止上升，就会对海洋生物造成巨大的影响。有时候，太平洋上的信风会减弱，这时温暖的表层水会向东流动，使南美洲热带海域的上升流区受到抑制。这也就是我们所熟知的厄尔尼诺现象，它阻碍了浮游生物的生长，因此鱼类消失，而对蓝脚鲣鸟等以鱼类为食的海鸟而言，这无疑是一场灾难。

它是如何运行的？

在埃克曼输送的作用下，沿岸的强风拖曳着海水远离海岸，形成了上升流区。向反方向吹的风促进了下降流的产生。下图中为南半球的模式，北半球正好相反。埃克曼输送效应也拖曳着表层水离开赤道，因此寒冷而营养丰富的海水从下往上升，弥补表层水流失。

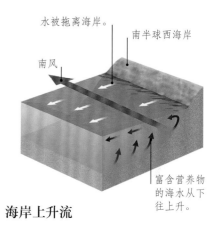

水被拖离海岸。

南半球西海岸

南风

富含营养物的海水从下往上升。

海岸上升流

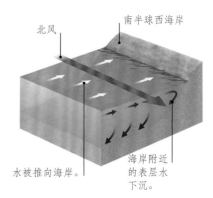

北风

南半球西海岸

水被推向海岸。

海岸附近的表层水下沉。

海岸下降流

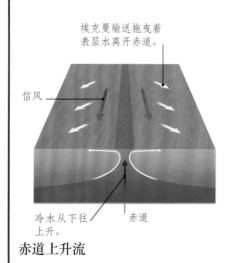

埃克曼输送拖曳着表层水离开赤道。

信风

冷水从下往上升。

赤道

赤道上升流

65

深海海流

环绕全球海洋的表层海流与深海海流相互连接，形成一个网络。这些深海海流在寒冷的咸水的推动下沉向洋底，在较温暖的表层水下流动，直到最后又回到海洋表层。深海海流和表层海流共同作用，将海水带到全球各地。

下沉水域

在两极地区，冷空气和浮冰使冰下的水极其寒冷，因此水分子结合得更紧密，水的密度也增大了（每升水变得更重）。多余的盐分从海冰中排出，使得冷水的密度越来越大。因此；冷水沉向了洋底。

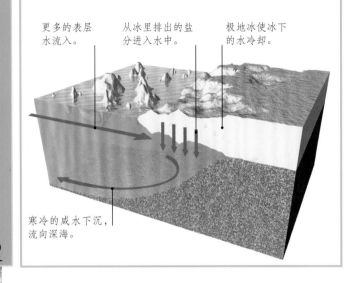

更多的表层水流入。

从冰里排出的盐分进入水中。

极地冰使冰下的水冷却。

寒冷的咸水下沉，流向深海。

极度寒冷

最冷的深海海流是南极底层水，从覆盖在南极威德尔海上的浮冰下流出。另一股类似的海流来自南极另一端的罗斯海。在北极，格陵兰岛附近的下沉水驱使北大西洋深层水向南流动，有助于推动深海海流在全球运动。

▼ 南极冰

海冰在靠近南极的威德尔海和罗斯海上形成，使得寒冷的咸水变得更冷更咸，驱动着强大的深海海流。

哇哦！

通过分析化学属性，可以揭开每一滴水的起源和历史之谜。

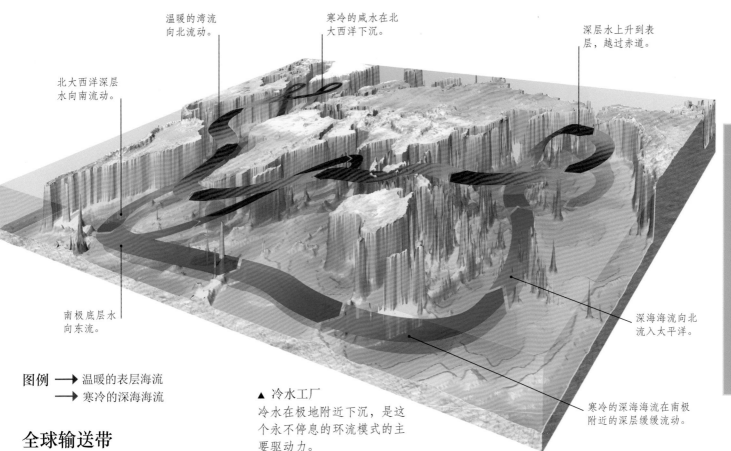

温暖的湾流
向北流动。

寒冷的咸水在北
大西洋下沉。

深层水上升到表
层，越过赤道。

北大西洋深层
水向南流动。

南极底层水
向东流。

深海海流向北
流入太平洋。

寒冷的深海海流在南极
附近的深层缓缓流动。

图例 ━━▶ 温暖的表层海流
　　　 ━━▶ 寒冷的深海海流

▲ 冷水工厂
冷水在极地附近下沉，是这
个永不停息的环流模式的主
要驱动力。

全球输送带

寒冷的深海海流扫过南大洋，
流入印度洋和太平洋。在这两个
大洋中，部分深海海流上升与表
层海流交汇。交汇的海流与北大
西洋暖流相连接，最后冷却，在
遥远的北部下沉，驱使着水流运
动。整个网络通常被称为全球输
送带，因为它将海水输送到全球。

知识速览

■ 科学家们将全球输送带叫作温盐环
流，因为它是以热量和盐度为驱动
力的。

■ 在全球输送带中，一滴水大约需要
1000年的时间才能游遍全球。

■ 当深海海流挤在板块之间时，流速
会加快。

生命必需的养料

全球输送带将海水带到全球各地，
同时也挟带了海洋生物生存必需的
溶解氧和营养物质。很多营养物质
从洋底被深海海流席卷着上涌，最
后被带到阳光照射的海面。在这
里，它们为座头鲸等海洋生物所需
的浮游生物提供了养料。

减速

全球气候不停变化，影响了全球输
送带。全球变暖使得北极冰层融
化，不断向海洋中添加淡水。因
此，北大西洋的海水越来越淡，海
水下沉的可能性也越来越小，可能
无法推动深海海流运动。因为温暖
的湾流是靠下沉的海水拖曳着北
上，向欧洲流动，所以如果没有下
沉的海水，欧洲可能会越来越冷。

大洋

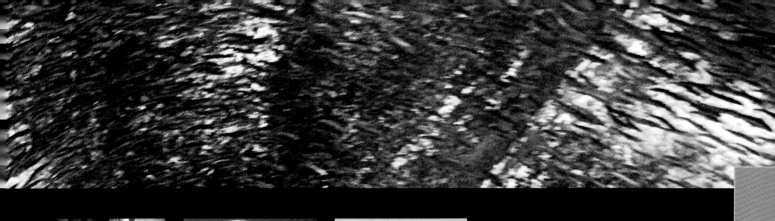

海洋是地球上最大的野
生动物栖息地。大部分
生物都生活在海洋表
层，但是在最深、最黑
暗、最寒冷的深处也有
生命存在。

深度带

世界上海洋的平均深度为4000米。但是只有在靠近海面数米的地方，海洋的自然属性才会呈现巨大的差异，因为这里的光照随着深度不断减弱。从阳光照射的波光粼粼的海面到常年黑暗的深海区，光照的减弱不仅影响了能见度、颜色和温度，还影响了食物供应。

透光层

距海面200米以内的表层通常被称为透光层。这里有充足的阳光，海水被照亮，滋养了那些依靠阳光生存和繁殖的浮游生物。这些浮游生物是海洋动物的主要食物来源，因此大部分海洋生物也都生活在这一区域。

弱光层

200米以下的海洋光照不足，那些依赖阳光获得能量的生物无法在此生存。唯一的光源是表层阳光过滤后剩下的一种微弱的蓝光，因此海洋中的这一区域被称为弱光层。有些动物栖居在这里，但是数量比透光层要少得多。

无光层

除了一些生活在无光层的深海动物发出的奇异光芒，深海1000米以下的区域根本就没有任何光。一般而言，海洋的深度是无光层的4倍，而且通常会更深，因此世界上大部分海水完全处于黑暗中。

飞鱼

浮游生物

透光层
0~200米

金枪鱼

弱光层
200~1000米

灯笼鱼

无光层
1000米以下

蛭鱼

温跃层

热带海洋表层非常温暖，温度约达30℃。但是在弱光层，温度随着深度迅速下降到4℃，在无光层温度差不多下降到0℃以下。在热带地区，温暖的表层海水极少与下面较冷的海水混合，两者之间的交界处称为温跃层。

图例

90℉	30℃
70℉	20℃
50℉	10℃
30℉	0℃

北美洲

南美洲

北极附近的海水终年寒冷。

热带大西洋的表层海水终年温暖。

无光层的海水终年寒冷。

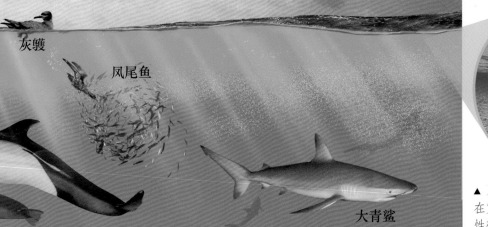

灰鹱

凤尾鱼

大青鲨

海豚

栉水母

斧头鱼

吸血鬼乌贼

深海枪乌贼

鮟鱇

红虾

▲ **蔚蓝的海水**

在宽阔的热带海洋，温跃层通常会阻碍溶解性矿物质到达阳光照射的表层水域，而这些溶解性矿物质能够促进微小浮游生物的生长。因此，大部分热带海域中很少有浮游生物，这也是这里的水非常清澈透明的原因。在较寒冷的海域，温跃层在冬季被打破，营养物就可以使浮游生物快速生长。

▲ **特别适应**

海水含有大量氧气，这对海洋生命而言非常重要。水的温度越低，氧气含量越高。但是，在弱光层的深处有这样一个区域，这里有一些细菌以沉到该区域的死亡浮游生物为食，它们吸收了这一区域中大部分的氧气。只有那些特殊的已经适应了弱光层环境的动物才能在此生存，如吸血鬼乌贼。

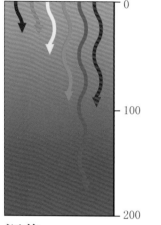

红橙黄绿蓝紫
光光光光光光　深度/米

0

100

200

透光层

在海洋中，大部分动物都生活在海洋表层附近的透光层中。它们能够生活在这里，主要是因为几乎所有的动物都以海藻等浮游植物为食。与陆地上的植物一样，如果没有光照，这些浮游植物就无法生存。因此，它们必须生活在水下200米以内的区域，这里的光照正好可以满足它们生长和繁殖的需要。

深蓝

太阳光由彩虹的颜色构成。这些颜色在波浪下合成了白光，当白光穿透到海洋更深处时，有些颜色的光被过滤了。红光、橙光和黄光最先被过滤，剩下绿光、蓝光和紫光，到最后就只剩下蓝光。但是，对于那些生活在平均水深为200米处的类似植物的生命而言，这种蓝光也足以维持它们的生长。

必需的光照

生活在透光层的植物类生物可以利用光能合成糖类化合物，合成的糖类化合物又可以转化为活组织，供动物食用。这些生物大部分是微小藻类和特殊形式的细菌，这些细菌能够像浮游植物一样在海洋上漂浮。不过，其中也包括被我们称为海藻的较大型藻类。大部分海藻和海草都依附在沿岸浅海海域的海床上。

▶ 提供能量
阳光直射海藻叶，为海藻提供了生长所需的能量。

哇哦！

海洋中的光合作用不仅能维持海藻生长，空气中我们呼吸的氧气的90%都来源于此。

光合作用

海藻能够将二氧化碳和水转化为氧气和糖类，通过这种方式制造食物，这个过程称为光合作用。光合作用发生在名为叶绿体的微观结构中。这些微观结构中含有名为叶绿素的绿色物质，叶绿素可以吸收光能。光能触发了一系列化学反应，生成了糖类。因此，如果没有足够的光照，光合作用就无法进行。

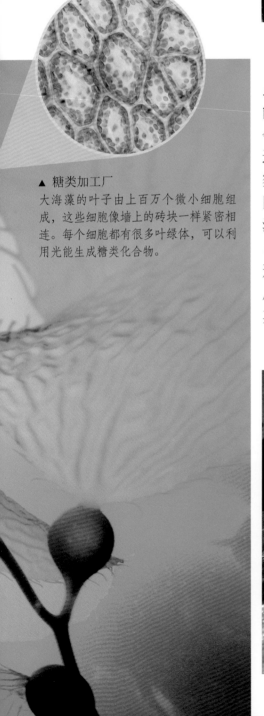

▲ 糖类加工厂
大海藻的叶子由上百万个微小细胞组成，这些细胞像墙上的砖块一样紧密相连。每个细胞都有很多叶绿体，可以利用光能生成糖类化合物。

透光层的漂浮物

与海藻一样，一些微小浮游植物只能在海洋表层的透光层中生活，因为那里阳光充足，可以帮助它们生成糖类物质。但是，与海藻不同的是，它们只有一个活细胞。它们既包括极其简单的细菌，也包括复杂的单细胞海藻，如硅藻、鞭毛藻和颗石藻。硅藻的叶脉错综复杂，由玻璃状硅化物构成，在显微镜下，它们看起来像小型珠宝。颗石藻的叶脉由白垩方解石构成。

海洋水华

虽然构成浮游植物的生物个体只能通过显微镜观察到，但是它们会在海面附近形成密集的水华，这一现象有时候可以从太空中观察到。水华通常在富含矿物质的区域出现，这些矿物质由海流从深海带上来。硅藻和其他生物可以吸收这些矿物质，并用它们来形成叶脉。它们也会将这些矿物质与糖类结合，制造生存所需的其他物质。

生命之光

浮游植物太小，只有通过显微镜才能观察到，因此我们肉眼看到的这些生物一般呈云状。海洋营养越丰富，海水中的浮游植物就越多，形成的云状物就越大。但是，有些浮游植物，如某些特殊的鞭毛藻，一旦受到打扰，就会发出一种蓝绿色的化学光。这种光通常在夜间的热带海岸出现，会让人觉得头晕目眩。

浮游动物

有些成群的小动物无法通过光合作用制造食物，它们会吞食构成浮游植物的微型漂浮藻类。这些动物称为浮游动物，因为它们会随着海流漂移。不过，有一些浮游动物也会游泳，有了这种本领，它们白天可以藏在黑暗的海洋深处，到了晚上再浮到海面进食。

大洋

原生动物

最小的海洋浮游动物的身体是由单细胞构成的，不同于那些由多个细胞构成的动物。但是，它们也和那些动物一样，以其他生物为食，因此它们也被称为原生动物（意思是"接近动物"）。放射虫就是原生动物中的一种，它们会用长而灵活的伪足采集食物。

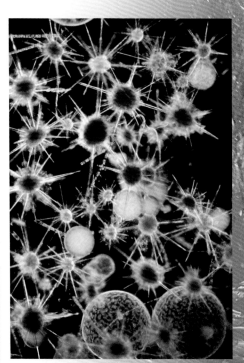

桡足动物

浮游动物比原生动物大很多，但是很多浮游动物仍然非常小。其中数量最多、最普遍的是桡足动物。这些微小的甲壳动物是虾和螃蟹的近亲，依靠它们极长的触角悬浮在水面上，就像撑着一个降落伞。它们主要捕食微型单细胞藻类和原生动物。

哇哦！

南大洋中有许许多多的南极磷虾，它们的总重量甚至比全世界的人加起来还要重。

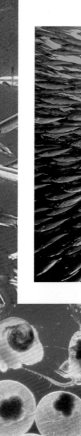

◀ 密集的磷虾
在太平洋沿岸靠近加利福尼亚的海域，成群的磷虾吸引了饥饿的鱼群。

▲ 磷虾
南极磷虾看起来像虾，它们可以长到6厘米长。

磷虾群

磷虾比桡足动物大得多。它们生活在世界各大洋中，但是在寒冷的南大洋中数量最多。大群磷虾聚集在南大洋，使整个海洋都变成了红色。与桡足动物一样，磷虾也以微小生物为食，但它们同时也是南极鲸鱼、企鹅和很多鱼类的猎物。

上上下下

在白天，桡足动物和很多其他种类的浮游动物会沉入弱光层，这样它们就可以躲避那些依靠视觉捕猎的鱼类。夜幕降临时，它们又会游回海洋表层，以浮游植物为食。但是，有些鱼类，如图中的这些鲱鱼，已经进化出在黑暗中捕捉桡足动物的能力。每天晚上，数量众多的鲱鱼聚集在海洋表层，尽情吞食大群大群的桡足动物。

卵和幼体

很多海洋动物，如鱼类、螃蟹和蛤蚌，产下的卵都会漂浮在透光层。这些卵孵化后成为小的幼体，同桡足动物一样，这些幼体也以浮游植物为食。最后，幼体逐渐成熟。它们中的多数会在海床上定居，而且不会再离开。因此，它们生命中的漂浮期是它们能散布到海洋不同地方的唯一时期。

大洋

游弋的水母

大部分漂浮在透光层的浮游动物非常小，几乎没有重量。但是，有些动物却很大，如水母、栉水母和樽海鞘等特殊生物。尽管从一定程度来说，这些动物中的很多都可以游动，但是它们仍随着海流漂移，捕食更小的动物或同类，有些甚至还会捕食鱼类。

钟状身体主要由富有弹性的胶状物构成。

带刺的触手

水母随着海流漂移时，会收缩圆圆的身体，推动身后的水使身体向前游动。水母有长长的、几乎看不见的触手，触手上布满了微小的刺细胞。它们会用触手捕捉和麻痹猎物，然后将猎物缠住并吃掉。有些水母体型巨大，宽度超过了1.8米。

浮游杀手

葡萄牙战舰水母臭名昭著，含剧毒，它可能看起来很像水母，但实际上是由许多寄居在一起的动物组成的。每种动物都有明确的分工：一种动物像帆一样浮在水面，使葡萄牙战舰水母可以随风漂流；其他的动物负责采集食物、繁殖后代和保护整个群落。

► 狮鬃水母
狮鬃水母是世界上最大的水母之一，这种海洋浮游动物长着有毒的触手，触手可长达30米。

游动的蛞蝓

尽管有致命的毒刺，葡萄牙战舰水母也会沦为另一种动物的猎物，这种动物就是同属浮游生物的大西洋海神海蛞蝓。与大部分海蛞蝓不同，这种海蛞蝓在远海水域游来游去，伺机偷袭并吞食其他动物。令人惊奇的是，大西洋海神海蛞蝓可以回收有毒猎物的刺细胞，并用它们来进行自我防卫。

每只触手上都长着上百个刺细胞。

大洋

发光的水母

虽然栉水母看起来很像水母，但是它们与水母有很大的差别。栉水母之所以得其名，是因为它们的身体上有一排闪闪发光的移动"梳子"（也称为栉）。"梳子"来回移动，推动栉水母在水中穿梭。有些栉水母长着长长的触手，可以帮助它们诱捕猎物。

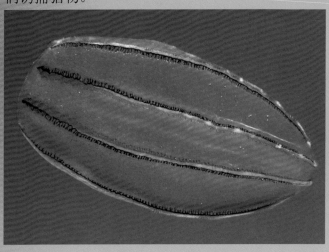

漂移的链条

漂移的樽海鞘链比栉水母更加奇特，它们过滤海水，捕食浮游生物。相比于依附在岩石上的海鞘，这些桶状的透明生物生活在远海。在生命周期中的某些时间里，它们会独自生活，但是在繁殖期，它们会形成由许多个体组成的长长的链条，漂浮在透光层内。最后，链条上的每个成员又繁殖出下一代独居的樽海鞘。

77

食物链

在海洋中，几乎所有生命都依赖于海藻和被称为浮游植物的微型浮游藻类提供的食物存活。这些海藻和浮游藻类利用光能制造活组织。小动物吃掉活组织后，将其转化为肌肉、皮肤和其他动物组织。这些小动物中的大部分会被其他动物吃掉。这些以小动物为食的动物又会被更大的动物吃掉，这些更大的动物成了食物链中的顶级捕食者，如鲨鱼。

吃与被吃

海藻和浮游植物能利用简单的化学物质制造复杂的活组织，它们是食物的生产者。动物无法生产食物，只能依靠吃其他活（或死）组织来生存，因此它们是消费者。以藻类为食的动物是初级消费者，以捕食初级消费者为生的更大的动物是次级消费者。次级消费者又被更大的捕食者吃掉，而这些捕食者又沦为强大的顶级捕食者的猎物。

▲ 生产者
海藻利用光能将水和二氧化碳转化为糖类。通过添加其他化学物质，这些糖类又被转化为活组织。

▲ 初级消费者
帽贝以海藻为食。海藻被消化后，形成了促进帽贝生长的物质。

▲ 次级消费者
螃蟹无法消化海藻。但是，螃蟹会吃掉已将海藻转化为活组织的帽贝。

知识速览

■ 最寒冷的海洋通常有着最丰富的动物，因为寒冷湍急的水域含有更多氧气和营养物质，可以促进海洋生物的生长。

■ 在热带远海中，动物非常稀少，因为这里的水域清澈纯净，很少有浮游植物。

■ 热带珊瑚中生活着一些藻类，它们提供了维持珊瑚礁生长所需的食物。

■ 在一些深海区，细菌利用从洋底喷发出的火山化学物质的能量制造食物。

食物金字塔

如图所示，食物链中的顶级捕食者，如北极熊，要想维持生命，就需要大量食物链底端的浮游植物。这是因为很多食物都被转化为能量，在被输送到食物链下一级之前，这些能量被消耗殆尽。

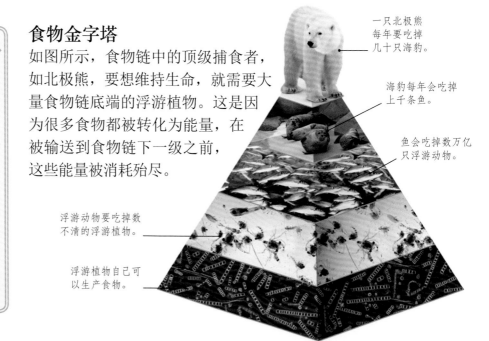

一只北极熊每年要吃掉几十只海豹。

海豹每年会吃掉上千条鱼。

鱼会吃掉数万亿只浮游动物。

浮游动物要吃掉数不清的浮游植物。

浮游植物自己可以生产食物。

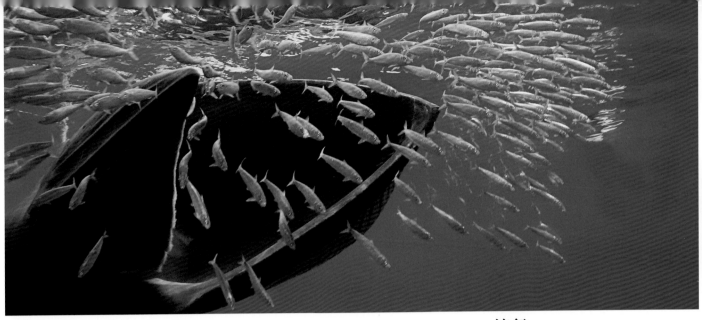

▲ 满嘴食物

饥饿的布氏鲸张开了大嘴，一群小鱼正拼命逃离。布氏鲸只要一张开嘴巴，就可吞掉整个鱼群。

捷径

有些庞大的海洋动物会将非常小的动物作为目标，缩短食物链。例如，滤食鲸会直接吞食磷虾和小鱼，而不是去捕食类似于金枪鱼之类的较大猎物。通过这种方式，这些鲸鱼可以吃更多的食物，因为小动物位于食物链较低层，它们的数量不仅比金枪鱼多得多，而且更容易捕捉。这也是为何这些鲸鱼和蝠鲼等其他庞大的滤食者能够长得如此大的原因之一。

▲ 捕食者

螃蟹成了章鱼的佳肴。章鱼消化完螃蟹肉后将其转化为营养物质和能量。但是，章鱼也可能被其他动物吃掉。

▲ 顶级捕食者

体型庞大、强劲有力的鲨鱼会吃掉章鱼。不过鲨鱼没有什么天敌，因此它们位于海洋食物链的顶端。

海洋食物网

上面这种简单的食物链比较少见，因为很多动物会捕食各种各样的猎物，这些猎物来自于食物链的不同环节。即使是顶级捕食者，死亡后也会被小蠕虫和海螺等小动物吃掉。因此，事实上，与其说大多数生物是食物链的一部分，还不如说它们是复杂食物网中的一部分。右图是一张简化的北冰洋食物网，包括了浮游植物、北极熊和虎鲸。

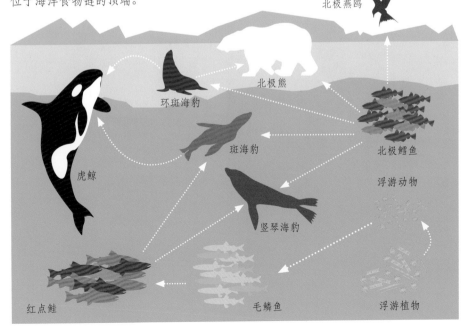

北极燕鸥

北极熊

环斑海豹

虎鲸

斑海豹

北极鳕鱼

浮游动物

竖琴海豹

红点鲑

毛鳞鱼

浮游植物

饥饿的鱼群

成群的小鱼是浮游动物的组成部分，它们也成了凤尾鱼、沙丁鱼和鲱鱼等其他鱼类的猎物。成千上万只小鱼成群地游动，仿佛是一个独立的庞大生物。这种游动方式可以帮助它们捕捉小猎物，同时也可以使它们不易被敌人捕捉到。

滤食动物

鱼通过吸取水中的氧气来"呼吸"，水流进它的嘴里，流过头部后面的呼吸鳃。以浮游生物为食的鱼类在浮游生物中游来游去时会张大嘴巴，通过鳃耙过滤海水来捕食。被捕捉到的猎物集中到鱼嘴的后部，沿着喉咙下滑到胃里。

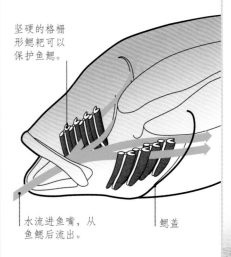

坚硬的格栅形鳃耙可以保护鱼鳃。

水流进鱼嘴，从鱼鳃后流出。

鳃盖

人多势众

生活在远海表层的鱼类可以找到很多食物，但是它们也面临着被吃掉的巨大风险。大鱼要独自承担风险，而鲱鱼等较小的鱼类会成群游动。一旦遭到袭击，它们就会迅速移动，不停地旋转，混淆捕食者（鲨鱼或金枪鱼）的视线，使它们难以分离单个猎物进行捕食。

光滑的敌人

以浮游生物为食的小鱼会受到其他游动鱼群的袭击，如图中的这些鲭鱼。它们会逮住小鱼，将小鱼全部吞掉。鲭鱼的身体呈高度流线型，游动速度快，可以在海洋中快速穿行，寻找大群的捕食目标。在游动的时候，它们会张开嘴巴，过滤水中的动物，通过这种方式来捕食更小的猎物。

哇哦！

在未受到过度捕捞影响之前，有些大西洋鲱鱼鱼群中有数十亿条鱼，横跨了1.6千米的水域。

鱼群秩序

很多鱼在游动时形成了队列，这种行为模式也被称为集群。在游动时，它们会彼此观察，以色彩鲜明的标记物或图案等作为视觉线索进行自我调整。同时，它们也能感受到同伴游动时水中产生的压力波。这样，在改变方向时，它们也能在阵形中保持完美的间距。

超个体

通常，大群游动的鱼会保持一致的步调，配合相当默契，仿佛就是一只巨型的动物——一个超个体。猎物一旦游进如此严密的队形中，便插翅难逃。

▼ 颜色信号

这些鱼的尾巴是亮黄色的，能够及时给鱼群中的其他同伴发出信号，这样所有的鱼就可以同时转向同一方向。

金枪鱼

金枪鱼聚集起来捕食更小的鱼群。它们是迅速、强大的捕食者，速度惊人，可达75千米/时。一些金枪鱼体型也很大，如大西洋蓝鳍金枪鱼的体长可达4.6米。但是，过度捕捞使得其中一些种类变得稀少，大西洋蓝鳍金枪鱼濒临灭绝。

海洋猎人

成群的鱼会成为大鱼的猎物。大鱼通常独自行动，但有的大鱼也会成群游动，如成群觅食的金枪鱼和尖鼻长嘴鱼等。这些海洋猎人游动的速度非常快，甚至比动力十足的快艇还快。它们的速度之所以这么快，完全得益于流线型的身体、强有力的肌肉和极其高效的获取能量的方式。它们是地球上最专业的猎手之一。

哇哦！

旗鱼是海洋中速度最快的鱼。当它飞速发起进攻时，速度竟然可以达到110千米/时。

🔍 光滑而迅猛

金枪鱼的游动速度非常快，这是因为它有一些特殊的适应能力。一方面，它们的身体呈超级流线型；另一方面，它们巨大的侧翼肌肉可以推动新月形的尾鳍来回摆动，摆动速度如此之快，几乎可以与汽船的螺旋桨媲美。它们游动的速度越快，通过鱼鳃的水流速度也就越快，这样它们就可以获得更多的氧气来将糖类转化为能量。这些鱼也可以将体温提高到水温之上，这样它们的肌肉就更高效了。

长而窄的尾鳍

流线型身体

鳃盖

海洋赛车手

金枪鱼是集体捕食者，而较大的捕食者，如长嘴鱼，通常会独自捕食。这些长嘴鱼包括马林鱼、旗鱼和剑鱼等，它们的上颌或吻部都又长又尖，向前突出。与金枪鱼一样，它们的形体结构天生就是为了提高速度。快速游动时，旗鱼会收起巨大的帆状背鳍。为了捕食猎物，它们还会不远千里穿越大洋。

◀ 旗鱼
人们发现这些鱼在海洋表面捕食鱼群。不过，它们也会捕食枪乌贼和章鱼。

恐怖的捕食者

马林鱼视觉敏锐。与其他长嘴鱼一样，在追逐较小的鱼和枪乌贼时，它们会利用强有力的肌肉在水中极速穿梭。追上猎物后，它们有时会用吻部猛击猎物，使猎物晕厥或受伤，这样就更容易逮住猎物了。

▼ 马林鱼
在袭击快速游动的密集鱼群时，马林鱼尖尖的吻部成了一种利器。不过，吻部的主要作用是使马林鱼的身体呈现出完美的流线型。

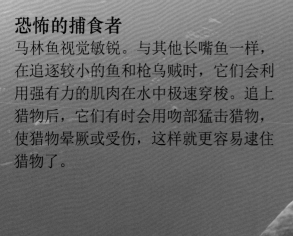

在飞速追逐猎物时，马林鱼的吻部像剑一样刺入鱼群中。

光滑的皮肤上没有鱼鳞，可以使它们游得更快。

疯狂捕食

一旦海洋猎人冲进鱼群，它就会加速，全力发起进攻，让猎物毫无逃脱的机会。金枪鱼可以发动大规模袭击，咬住任何游动的猎物。被捕食的鱼通常会试图躲到彼此身后，以防被逮住，因此它们就会更加紧密地聚集在一起，形成一团旋转的涡流。它们甚至会突然跳出海面，企图逃脱。

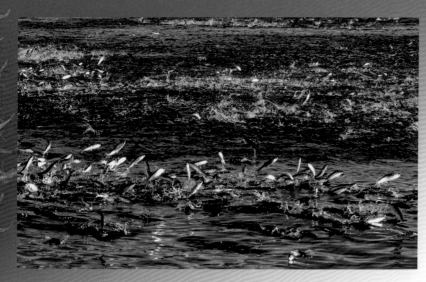

◀ 被捕食的鲱鱼
饥饿的金枪鱼群正在发动疯狂袭击。鲱鱼挤到了一起，蹿出水面，不顾一切地逃命。

球状鱼群

一小群海豚在水中漫游，寻找猎物。这群蓝色的竹荚鱼成了海豚的猎物，它们聚集在一起，形成一团银光闪闪的旋转涡流——一个球状鱼群。竹荚鱼希望通过这种方式来混淆敌人的视线，这样这些海豚就难以挑选猎物，不过海豚们也不会这么轻易放弃。

体形和大小

4亿多年前，鲨鱼就已经栖居在世界大洋中了。现在，全球有470多种鲨鱼。很多鲨鱼是迅猛的远海捕食者，身体呈流线型，但是有些鲨鱼拥有特殊的适应性，可以在海床或幽深寒冷的海底生活。

▲ 锯鲨
锯鲨的吻部像一把锯，两侧有尖锐的牙齿，是一种有效的武器。

▲ 长尾鲨
长尾鲨尾部向上翘，与身体长度相当，可以像鞭子一样将猎物打晕。

▲ 斑纹须鲨
这种伏击式杀手潜伏在海床上，依靠它们的伪装不让猎物发现。

▲ 皱鳃鲨
皱鳃鲨长得很像鳗鱼，是一种活化石，与所有鲨鱼的祖先相似。

鲨鱼

掠食性鲨鱼是最臭名昭著的海洋猎人，它们锋利的牙齿让人毛骨悚然。事实上，并不是所有的鲨鱼都像这样。有的鲨鱼以贝类为食，有的鲨鱼只捕食非常小的动物。但是，也有很多鲨鱼是强大的杀手，拥有致命的利齿、敏锐的感官和惊人的速度。除了其他体型更大的鲨鱼，它们几乎没有敌人。

高大的三角形背鳍

新月形的尾鳍主要用来加速。

强劲有力的流线型身体

哇哦！

大白鲨有300颗牙齿，它们一直在换牙，因此鲨鱼一生中可能会有过3万颗牙齿。

▲ 大白鲨
强大的大白鲨体型庞大，长度可达7米，广泛分布于热带海洋和温带海洋，主要在海岸附近出没。

顶级捕食者

最有杀伤力的鲨鱼会捕食大鱼、海豹和其他体型较大的动物，是强大的捕食者。它们天生速度迅猛，尤其是大白鲨——鲨鱼中体型最庞大、最高效的捕食者之一。大白鲨拥有巨大的下颌和极其敏锐的感官，可以同时侦测和瞄准猎物。

▲ **超级感官**
与所有食肉鲨鱼一样，大白鲨的视力极好，嗅觉也超级敏锐。哪怕是5千米外的水域中有轻微的血腥味，它们都可以嗅到。最令人震惊的是，大白鲨鼻子上的小孔有很多感觉器，可以探测到猎物神经系统发出的极其细微的电脉冲。

鲨鱼向前游动时，长长的胸鳍像翅膀一样，可以防止鲨鱼下沉。

▲ **下颌和牙齿**
大白鲨的牙齿看起来很像锯齿剃刀，可以将猎物切成片。与所有鲨鱼一样，大白鲨的旧牙总会被新牙取代，这些新牙从下颌长出来，指向口腔内侧。当旧牙向下颌外移动、脱落时，这些新牙开始慢慢变得直立。

鲨鱼的腹部是灰白色的，从下面看很难被发现，因此它可以偷偷地靠近猎物。

有弹性的骨骼

鲨鱼的骨骼是由有弹性的软骨组成的，与支撑人类耳朵的物质相同。鲨鱼的体重由水承载，因此骨骼不需要太过坚韧，它的主要作用就是固定鲨鱼强有力的身体肌肉。

鱼鳃支撑

脊椎是由一长条柔韧的软骨链组成的。

颅骨

胸鳍的骨骼最坚韧。

滤食巨兽

海洋中最大的鱼不是牙齿锋利的捕食者，而是那些性情温和、行动迟缓的滤食动物，它们通过过滤富含浮游生物的海水为生。它们拥有过滤捕食系统，与鲱鱼和金枪鱼类似，首先让水流进鳃，然后用坚硬的鳃耙将食物困住。

姥鲨

世界上最大的三种巨型滤食者都是鲨鱼——姥鲨、鲸鲨和巨口鲨。姥鲨在凉爽的海洋中捕食，这些海域通常充满浮游生物。在捕食的时候，姥鲨会在游动的过程中张大嘴巴，让富含浮游生物的海水流进鳃，流过鳃耙上的网状"细筛"。鳃耙困住猎物，让水从鲨鱼头后部巨大的鳃裂流出。

▲ 鳃裂
姥鲨的鳃裂很奇特，缝隙非常大，差不多可以环绕整个脖子。

鳃耙可以保护鱼鳃，困住猎物。

身体上有一条突出的背脊。

纪录创造者

姥鲨是一种巨型鱼，可以长到8米左右，不过在长度上它仍然略逊于鲸鲨。鲸鲨是一种以热带海洋中的浮游生物为食的捕食者，它的长度可达到14米。鲸鲨同姥鲨一样，也通过过滤流经鳃耙的海水来获取食物。不同的是，在捕猎时，鲸鲨会主动吞掉一大口水，然后闭上嘴巴，将水从鳃中挤出。

▲ 鲸鲨
潜水员在这头巨大而温顺的鲸鲨旁边游动。这头鲸鲨长途跋涉穿越温暖的海洋，寻找富含浮游生物的海域。

嘴巴巨大，捕食时可以大口吞食大量微小的猎物。

哇哦！

有些鲸鲨可能有30吨重，比一辆满员的校车还重。

神秘的鲨鱼

数个世纪前，人们对姥鲨和鲸鲨就已经有所了解，但是直到1976年，人们才发现巨口鲨。巨口鲨白天一直待在海底深处，只有晚上才会浮出海面，因此没有人知道它们的存在。巨口鲨随着微小的浮游生物行动，晚上游到海洋表面，白天返回海底。巨口鲨的大嘴周围有发光器官，可以在黑暗中吸引猎物。

每条鲸鲨都有独特的白点和条纹花样，可以通过这些特征来辨别它们。

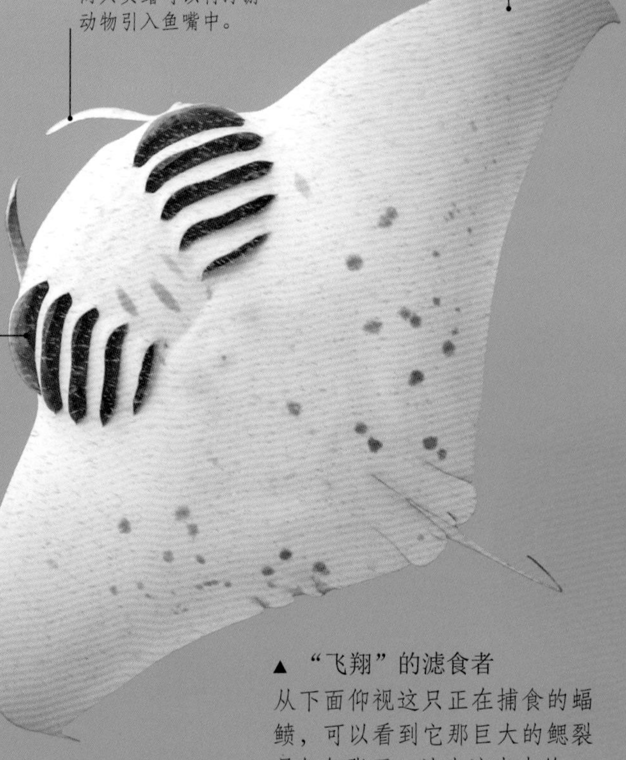

鲸鲨是海洋中最大的鱼

游动时，两只翼状的胸鳍会上下拍动。

两只头鳍可以将浮游动物引入鱼嘴中。

鳃裂

飞翔的鱼

蝠鲼也被称为魔鬼鱼，它们的胸鳍像一对翅膀，两只头鳍呈角状。最大的蝠鲼两只胸鳍尖端之间的宽度有7米左右。蝠鲼一般会用它们的翼状胸鳍在温暖的海洋中"飞翔"，捕食浮游生物。它们的捕食方式与姥鲨相同，在游动的时候也会张开嘴巴。

▲ "飞翔"的滤食者
从下面仰视这只正在捕食的蝠鲼，可以看到它那巨大的鳃裂是如何张开，让水流出去的。

须鲸

须鲸是海洋中最大的动物，其中包括了动物史上最大的动物——庞大的蓝鲸。它们之所以被称为须鲸是因为它们没有牙齿，只有一些由纤维物质组成的梳齿状鲸须板，这些纤维物质也被称为鲸须。与巨型滤食鲨鱼和蝠鲼一样，这些鲸鱼也是利用鲸须板过滤海水来捕食猎物。不过，鲸鱼的种类不同，捕食方式也大不相同。鲸鱼非常聪明，有些经常会合作围捕猎物。它们通过各种各样的声音进行交流，如低吟、哀号或咔嗒声。

🔍 鲸须板

鲸鱼的鲸须板是由角蛋白构成的，这与构成我们头发和指甲的是同一种物质。这些鲸须板既长又粗糙，呈梳齿状，悬挂在上颌的两侧。当须鲸张开嘴巴时，这种悬挂方式可以填补上下颌之间的空隙。在捕食的过程中，须鲸会利用各种方法使嘴中充满海水，然后将海水从鲸须板中排出。这样，它们就可以逮住桡足动物、磷虾和小鱼等小猎物。

弓头鲸
北极专家

体长 可达20米
体重 可达110吨
栖居或分布 北冰洋

弓头鲸的上颌向上拱起，因此而得名。它们擅长在北冰洋的冰水和附近的寒冷海域中捕食微小的桡足动物。不同于其他的须鲸，弓头鲸游动时会张开嘴巴捕食。这样，它们就可以将水挤入前颌，流进长长的鲸须板，然后从两侧排出。

灰鲸
海底捕食者

体长 可达15米
体重 可达40吨
栖居或分布 北太平洋沿岸

灰鲸是须鲸中的特立独行者，以捕食海底动物为生。捕食时，它们会沿着海底游动，将海底的软泥翻起。同时，它们会将软泥吸进嘴里，再将泥通过鲸须泵出，捕捉猎物。

座头鲸
肺部捕食者

体长 可达19米
体重 可达44吨
栖居或分布 全球各大洋

座头鲸因潜水前背部向上拱起而得名，它的鳍比其他鲸鱼长，鼻子被肿瘤状的突起覆盖。它们的喉咙具有伸展性，只要巨大的嘴巴一张开，它们就可吞掉一大口充满猎物的海水。座头鲸主要捕食磷虾和小鱼，通常它们会吹起泡沫屏障将小鱼和磷虾围住，然后通过肺部吸气，一次性吞掉整个鱼群或磷虾群。

小须鲸
可以伸展的喉咙

体长 可达10米
体重 可达11吨
栖居或分布 全球各大洋

小须鲸是须鲸中最小的一种。这种须鲸捕食时，会将大量海水吸入嘴里，再通过鲸须板将水滤出。小须鲸下颌下面有很多褶皱，因此它们喉咙张开后可以盛满海水，随后它们会利用巨大而有力的舌头将水排出。

小露脊鲸
南极磷虾捕食者

体长 可达6.5米
体重 可达3.9吨
栖居或分布 南大洋

在所有须鲸中，小露脊鲸个头最小，不过它们的体重仍然是一辆轿车的两倍。它们在寒冷的南大洋中捕食，当南极洲附近的海洋封冻时，它们会向北洄游到澳大利亚和南非。小露脊鲸主要捕食磷虾等小动物。

蓝鲸
流线型巨兽

体长 可达31米
体重 可达220吨
栖居或分布 全球各大海洋

蓝鲸是地球上最大的动物，这是一种巨型须鲸，捕猎方式与小须鲸相似。它们主要以磷虾为食，特别是在南大洋，到了夏天，一头蓝鲸一天可以吞食4000万只磷虾。蓝鲸身体光滑，游动速度非常快，冬天会洄游到比较温暖的海洋进行繁殖。

猛扑式进食的鲸鱼

这些在阿拉斯加沿岸捕猎的座头鲸会分工协作，将小鱼赶成一个紧密的"鱼球"。然后，它们会张开巨大的下颌，从鱼群下面蜂拥而上。它们的嘴巴巨大，一次可以吞食数百条鱼，饥饿的海鸟们只能抢点儿残羹冷炙。

齿鲸和海豚

世界上大多数的鲸鱼不属于滤食须鲸，而属于食鱼齿鲸。食鱼齿鲸有71种，包括巨型抹香鲸、长牙一角鲸和多种海豚及鼠海豚。不同于滤食须鲸，齿鲸会追逐并捕食个体动物，如大鱼、枪乌贼，甚至海豹和其他鲸鱼。

鲸鱼的牙齿

不同于大多数哺乳动物，鲸鱼的牙齿是简单的圆锥形，与鳄鱼的牙齿相似。这种牙齿可以帮助它们捕捉鱼类等猎物，但又不利于咬断或咀嚼。有些鲸鱼有100多颗牙齿，而有些鲸鱼几乎没有牙齿。牙齿最大的要数抹香鲸，一颗牙齿有1千克重。

光滑的狩猎者

最为人所熟知的齿鲸是海豚。这些狩猎者身体光滑、强劲有力，游动速度非常快，是高智商群居动物。它们成群游动，相互配合，围捕鱼群和枪乌贼群。海豚可以发出各种各样的声音，如咔嗒声、哨声和吱吱声，并因此而闻名。在捕食的过程中，它们会通过声音相互保持联系。每只海豚都有独特的口哨声，这种口哨声就像它的名字，其他海豚会用这种声音来引起它的注意。

哇哦！

科学家教会了一些海豚某种形式的符号语言，并利用这种语言与它们交谈。

回声定位

海豚和其他齿鲸都可以通过响亮的咔嗒声来定位猎物，这种咔嗒声是猎物产生的回声。回声可以构建猎物所在位置的声音图像。海豚的咔嗒声是从呼吸孔（鼻孔）附近的鼻囊中发出的，不断汇集到前额中的额隆。它们的下颌中有一些神经，收到回声后会将信号传到耳朵里。

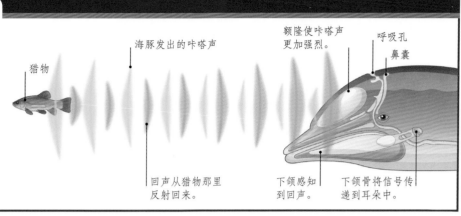

海豚发出的咔嗒声

额隆使咔嗒声更加强烈。

呼吸孔

鼻囊

猎物

回声从猎物那里反射回来。

下颌感知到回声。

下颌骨将信号传递到耳朵中。

有齿巨兽

大部分齿鲸的体型都比普通须鲸小得多，但抹香鲸是个例外，它们是齿鲸中的巨兽。它们可以长到20米长，头部呈巨大的箱形，里面几乎充满了被称为鲸蜡的蜡状物质。巨大的头部能帮助抹香鲸调整浮力，下潜到海洋深处。

◀ 抹香鲸
为了寻找猎物，正在捕食的抹香鲸可以潜到水下3千米。它们可以在水下待一个多小时，然后浮出海面呼吸。

长角的鲸鱼

一角鲸个头中等，栖居在北冰洋。它们的独特之处就是那只螺旋状的长牙，长牙从雄性一角鲸的上颌向前突出，可达3米。长牙究竟有何作用，目前仍然是一个未解之谜。以前，一角鲸的长牙价值连城，因为没有见过一角鲸的人认为它们的长牙是传说中独角兽的角，具有神奇的力量。

▲ 一角鲸
一角鲸通常会成群聚在一起，有时候群里有几百头强壮的一角鲸。它们栖息在破裂的冰块附近，因为这里有很多呼吸孔。

信天翁
海洋流浪者

翼展 可达3.6米
分布 南方海域和北太平洋
捕食技巧 水面觅食

最大、最壮观的海鸟群是生活在南方海域的信天翁，它们的翅膀极长。它们有一种特殊的适应性，可以持续飞行几天，甚至是几周。它们在近海面处寻找游来游去的枪乌贼或鱼，然后俯冲，在飞行中逮住猎物，它们也会在海面上捕食。

海鸟

有些鸟几乎一生都待在远海上。它们返回陆地的唯一原因是为了寻找可以筑巢的地方，因为它们必须在坚实的地面产卵。它们在海上捕食鱼类、枪乌贼、磷虾和其他海洋生物，并且已经逐渐掌握了各种捕食技巧。在海洋上空飞翔时，它们会俯冲到海里，它们甚至能在水下"飞行"，直接捉住猎物。

鸬鹚
沿海猎人

翼展 可达1.5米
分布 全球沿海海域
捕食技巧 水下追捕

这些沿海捕鱼猎人擅长在水下捕鱼，它们会借助大蹼足向前游动。它们的羽毛吸水性比大部分海鸟强，因此浮力较小，有利于待在水下。鸬鹚变湿后，通常会张开翅膀将翅膀晾干。

鲣鸟和鲣鸟
技术高超的潜水员

翼展 可达1.8米
分布 所有热带海洋和北大西洋
捕食技巧 俯冲潜水

鲣鸟和鲣鸟将这种激动人心的捕食方式发挥到了极致。图中的这只热带蓝脚鲣鸟在空中瞄准水里的鱼，然后收回翅膀，像箭一样飞速俯冲下来，划破水面。这些海鸟的皮肤下有很多气囊，可以保护它们的重要器官不受冲击。一旦潜入水下，它们就会用自己长而锋利的喙捕捉猎物，然后猛冲回空中。

海雀
水下飞行员

翼展 可达73厘米
分布 所有北方海域
捕食技巧 水下追捕

海雀有一对极其短小、强健的翅膀，尤其适合在水下"飞行"。海鸠、刀嘴海雀和北极海鹦潜入海面以下，追捕鱼类。它们的翅膀短小而粗硬，不太适合在空中飞行，因此它们只有不停地快速挥舞翅膀才能在空中停留。

企鹅
不会飞的游泳者

翼展 可达1米
分布 南极沿海海域
捕食技巧 水下追捕

在南半球，企鹅是可以与北方的海雀相提并论的。它们的翅膀非常特别，根本就不能飞行，只能当作鳍来用，因此特别适合水下捕食。不过，正因如此，它们也被誉为"迅速而优雅的游泳能手"。为了捕食深水鱼和枪乌贼，有些体型较大的企鹅潜入极深的海底。大部分企鹅栖居在南大洋的寒冷海域中，这些海域位于南极洲的附近。

▲ 漂泊的信天翁
信天翁可以一直张开长而窄的翅膀，随风翱翔。它们能够不挥动翅膀，就飞到很远的地方。

▶ 掠食者
图中这只军舰鸟正在逼迫一只燕鸥吐出刚刚捕捉到的鱼。

海燕
小巧而坚韧

翼展 可达56厘米
分布 除北冰洋以外的所有大洋
捕食技巧 水面觅食

海鸟必须应对极其恶劣的天气和巨浪，不过有些海鸟非常小巧，它们看起来如此微小，如此脆弱，在这样恶劣的环境中根本就无法生存，如那些比麻雀大不了多少的小海燕。它们会在海上待数月之久，以磷虾等小动物为食。很多海燕栖居在南大洋，在南极洲的海岸地带繁殖后代。

军舰鸟
空中海盗

翼展 可达2.4米
分布 大部分热带海洋
捕食技巧 海上抢劫

一些海鸟会通过偷其他鸟类的猎物来获得食物。其中，最臭名昭著的海盗就是长着长长翅膀的热带军舰鸟，它们会在空中袭击并逼迫受害者扔掉已经捕捉到的猎物。接着，这些军舰鸟海盗就俯冲下去，在猎物落入海中之前将猎物抓住。

弱光层

深度越深，光线就越弱。在海平面下约200米处只有微弱的蓝光。这种光与夜幕降临时我们看到的光很像，因此海洋中的这一区域也被称为弱光层。这一层的光线太过昏暗，无法维持浮游植物的生长，而浮游植物是海洋中很多生物生存所必需的食物。因此，弱光层的动物们必须向上游到透光层觅食，吃些残羹冷炙，或者自相残杀，成为彼此的猎物。

从下往上游

很多动物白天生活在弱光层，如桡足动物和这些微小的发光灯笼鱼。它们晚上向上游，来到海洋表层捕食海藻和其他浮游生物。当黎明来临时，它们又会下沉，回到弱光层，希望通过这种方式摆脱鲱鱼和其他鱼群的捕猎。这种上下运动无疑是一次遥远的征途，每趟下来都需要耗费3个多小时。这种动物运动在世界大部分的海洋中都会发生，一年365天，周而复始，因此人们也一直认为这是地球上最大规模的迁徙。

化学光源

很多生活在弱光层的动物身上布满了可以发光的器官，这些动物包括枪乌贼、鱼类和这种被科学家们称为礁环冠水母的水母。这些动物发出的光称为生物荧光，产生于化学反应中，在该反应中能量可以通过光的形式释放出来。有些动物利用这种光来吸引猎物，还有一些动物用它来扰乱敌人的视线。

致命吸引

那些白天生活在弱光层的小动物会沦为其他动物的猎物。例如，图中这种萤火鱿的身体上覆盖了数百个特殊的发光器官，这些器官可以吸引猎物，引诱它们游到足够近的范围内，然后萤火鱿就可以用长长的布满吸盘的触手来捕食猎物。

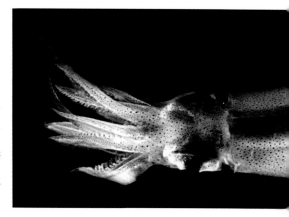

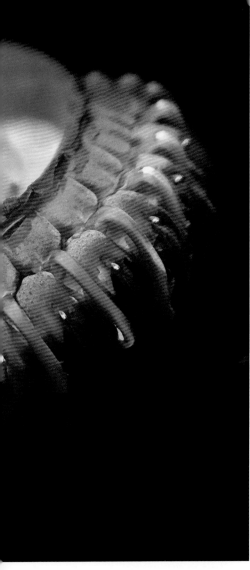

隐藏在蓝光中

银斧鱼的肚子上有一排可以闪闪发光的器官。这些发光器官非常神奇，可以帮助银斧鱼躲避敌人。这是因为这些器官发出的光是蓝色的，与海洋表层渗透的光颜色一致。这样一来，银斧鱼的黑色轮廓就与背景融为一体，从下面看就很难发现它们。

▲ 全部亮起来

如果银斧鱼生活在无光层，它们的发光器官就像灯塔一样醒目。

▲ 匹配的光芒

蓝光从海洋表层渗透下来。在蓝光的衬托下，银斧鱼的发光器官可将银斧鱼的轮廓隐藏起来，使它几乎处于隐身状态。

尾随的捕食者

有些生活在弱光层的鱼类已经形成了一种特殊的适应性，它们会捕食迁徙到海洋表层的动物。这只银斧鱼的眼睛很大，向上突出。这样，借助于从海洋表面渗透下来的昏暗的蓝光，银斧鱼可以探测到任何在它们上方游动的小鱼。每天晚上，银斧鱼会尾随着猎物从深处游到表层；到了白天，它们又下沉回弱光层。

深海杀手

对于某些面目可憎的捕食者而言，弱光层是它们的狩猎场。这是一种来自太平洋的蝰鱼，它们的巨颌上长满了极长的针状牙齿。很多深海捕食者的牙齿都长成这样，猎物根本无法从它们嘴中逃脱。弱光层的猎物太少了，对于这些捕食者而言，不能错失任何一顿美餐，因为可能需要等上几周，它们才能吃到下一顿。

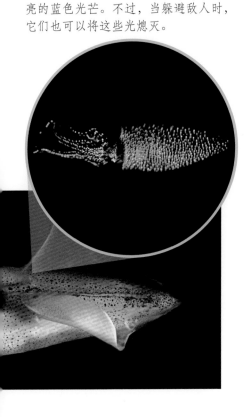

▼ 萤火鱿

在黑暗中，萤火鱿的发光器官会发出明亮的蓝色光芒。不过，当躲避敌人时，它们也可以将这些光熄灭。

哇哦！

弱光层中的很多动物利用闪烁的光芒在黑暗中迅速给彼此传递信息，这也是它们保持联络的唯一方式。

99

无光层

在海洋表面1000米以下的地方，弱光层微弱的蓝色光芒逐渐消失了。可以发光的动物是此处唯一的光源，它们体内有可以发光的器官。这里的很多动物长相非常奇特，具有各种惊人的适应能力，能够寻找、捕捉并吞食稀少的猎物。

长长的鞭状尾巴

死亡陷阱

在黑暗的海底，有些鱼会被光源吸引。深海鮟鱇会利用这一点，在巨大的嘴巴前面支起一个闪闪发光的诱饵。任何鱼，只要它们想靠近光源探探究竟，都要承担极大的风险。它们可能会被逮住，并被整个吞掉。

诱饵悬吊在短粗的刺上，闪烁着由细菌产生的蓝光。

鮟鱇的身体是黑色的，即便诱饵可以发光，它们仍然难以被发现。

利齿向内弯，猎物根本无法逃脱。

发光器官长在眼睛下面。

探照灯

有些捕食者，如深海龙鱼，可以发出红光。这种光与红外探照灯发出的光相似，能够在黑暗中锁定猎物。大部分深海动物都看不见红光，因此当它们发现自己被追踪时，已经为时太晚。这种红光可以最有效地曝光红色动物，而其他深海动物发出的蓝光则无法使它们现身。

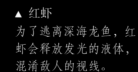

▲ 红虾
为了逃离深海龙鱼，红虾会释放发光的液体，混淆敌人的视线。

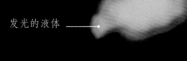

发光的液体

长长的针状牙齿紧紧地咬住捕获的鱼，使它们无法逃脱。

大胃王

在无光层捕食非常困难，所以捕食者必须有能力吞食它们遇到的任何东西。神奇的吞噬鳗就是这种最特别的生物中的一种。它们巨大的嘴巴中有特别进化出的颌骨，使它们可以吞噬与其大小相当的猎物。这种鱼的胃具有弹性，可以张大到足以吞进特大号的食物。而它们身体的其他部分则缩小为一条长长的瘦瘦的尾巴。

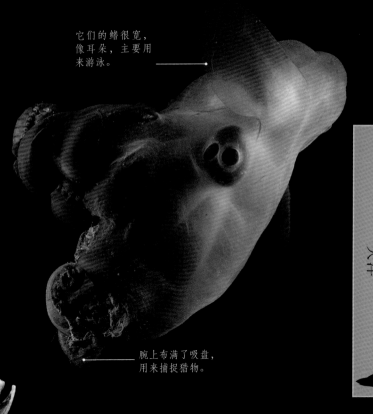

它们的鳍很宽，像耳朵，主要用来游泳。

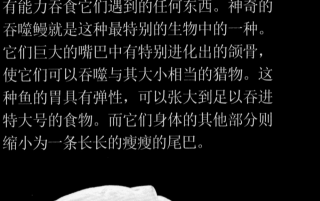

细小的眼睛长在鼻子上。

▲ 吞噬鳗
它们栖居在深海，迄今为止很少有人见过活的吞噬鳗。上图中的吞噬鳗是被保存的标本。

腕上布满了吸盘，用来捕捉猎物。

双铰状颌可以让嘴巴张得极大。

水母和八腕目

除了鱼类，无光层所涵盖的宽阔海域也是其他很多神奇动物的家园。这些动物包括发光水母、深海枪乌贼和烟灰蛸——章鱼的近亲。其中有一种小飞象章鱼，它们竟然可以在4000米深的海底漫游。它们的眼睛非常大，可以看见发光的猎物。

哇哦！

大王乌贼的眼睛是所有动物中最大的，足足有27厘米宽，比足球还大。

细长的身体不需要消耗太多的食物，因此即便长期没有进食，它们也可以活下来。

海中巨人之战

大部分生活在无光层中的动物体型都非常小，因此即使不能摄取足够的食物，它们也可以活下来。但是也有极少数动物体型巨大，如大王乌贼，它们可以长到13米长。它们的腕上长着很多吸盘，这些吸盘像牙齿一样锋利。当大王乌贼成为体型更大的抹香鲸的猎物时，它们会利用这些锋利的吸盘进行防卫，因此在很多抹香鲸身上都可以发现伤痕。

大王乌贼
13米

抹香鲸
18米

海底生物

幽深的海底常年一片漆黑，刺骨寒冷。它就像一个贫瘠的沙漠，拥有许多广袤无垠但又毫无特色的平原，这些平原被柔软的泥沙覆盖着，很多泥沙由浮游生物的尸体构成。很多动物擅长收集并吞食浮游生物的尸体，海底为它们提供了生长所需的食物。很多食腐动物也栖居在海底，它们以沉入海底的动物尸体为食。

柔软的淤泥

海底的基岩非常坚实，由坚硬的黑色玄武岩组成，不过它通常被又厚又柔软的沉积物掩盖。在靠近陆地的地方，河流和风将陆地上的沙子和泥浆带入海洋，形成了沉积物。但是在远海，大部分沉积物是由被称为浮游生物的微型浮游有机物的尸体构成的。这些浮游生物的尸体在水中不断下沉，最后沉积成了柔软的淤泥。

淤泥清道夫

有机淤泥中含有食物碎屑，可以被食碎屑者这种特殊动物吞食。这些食碎屑者包括能够吸食淤泥的深海海参，它们可以像蚯蚓处理土壤一样消化可食物质。更奇特的是，深海海参颜色各异，虽然图中的海参是红色的，但是在海底最深处，它们看起来却是黑色的。

食腐动物

栖居在海洋表层附近的动物几乎很少造访海底。但是当它们死亡后，它们的尸体会慢慢沉入海中。如果没被吃掉，尸体最终就会到达海底。这些尸体会吸引各种各样的食腐动物，如鼠尾鳕和鲨鱼的近亲——吐火银鲛。最后，尸体都会被长得像虾的端足类吃光。

◀ 银鲛
银鲛有时候又被称为鬼鱼，以捕食活体动物或吞食已死动物的腐肉为生。

过滤海水

有些动物会待在海底的某一个地方，通过过滤水中的浮游食物微粒来获取食物。这些动物包括海笔和海星的近亲——海羽星和筐蛇尾。它们会吸附在柔软的海床上，然后利用羽状触手捕食任何可食物质，这些物质被海流挟带而来并从它们身旁流过。

◀ 海笔

海笔之所以得其名，是因为它们看起来像一支用羽毛做的笔。它们主要通过过滤流经触手的海水来捕食。

▲ 筐蛇尾

筐蛇尾同其近亲海星一样，主要依靠短小而灵活的管足来收集食物，然后将食物送进嘴里。它们的嘴巴位于身体的中部。

静止站立

三脚架鱼很奇特，下面的鳍上长了三条长长的坚硬的棘刺。有了这三条棘刺，它们就可以静止不动地在海底站立，迎着水流。这样，它们就占据了最佳位置，可以捕捉任何被海水冲过来的食物。尽管三脚架鱼可以游动，但它们还是会静止不动地获取所有食物。

哇哦！

由于深海太深，海底遥不可及，因此在所有生活在海底的动物中，仅有一小部分已为科学界所知。

炽热的化学物质

火山热水沸腾时形成的烟羽从黑烟囱中喷涌而出，烟羽中充满了从海底热岩石中分解出的化学物质。极其微小的古菌能将某些化学物质和氧气结合起来，释放微生物生成糖类所需的能量。在此过程中生成的糖类又可用来构成这些古菌的活细胞，为其他海洋生物提供食物。

▲ 食物加工厂
黑烟囱正在向外喷发，周围的热岩石上覆盖了厚厚的白色古菌。

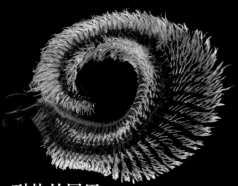

耐热的尾巴

火山口喷出的过热海水是维持生物生命的能量来源，但高温也会带来致命的危险。尽管如此，依然有些动物会栖居在离过热海水极其近的地方。庞贝虫就是其中的一种，它们把头埋进水温约为20℃的洞穴里，尾巴却泡在洞外70℃的热水中。如此巨大的温差足以将大部分动物杀死。

海底黑烟囱上的生物

黑烟囱从大洋中脊向上喷涌而出，算得上是"深海珊瑚礁"，在深海贫瘠的荒原中，它们是充满勃勃生机的热点。这里仅生活着一些特殊的动物，因为它们的食物来源并不依赖光能。相反的，黑烟囱自身拥有化学能，这才是维持该区域生态系统的基础。有种名为古菌的微生物，它们会利用这种能量生长和繁殖。同时，它们也成为虾类、蛤蚌和巨型蠕虫等集群动物的食物。

虾群

栖居在黑烟囱周围的古菌为成群的动物提供美餐，栖息地不同，这些动物也大不相同。这些白虾栖居在大西洋中脊上，而与其相似的白蟹则栖居在太平洋中的黑烟囱附近。这些虾和蟹似乎是睁眼瞎，但是有些有像眼睛一样的器官，可以帮助它们定位猎物。

贻贝和蛤蚌

有些动物以生长在岩石上的古菌为食，而其他动物则以寄居在它们体内的微生物为食。这些动物包括生活在烟囱口的巨型贻贝和蛤蚌，它们会将富含化学物质的海水吸进壳里，为寄居在它们鳃上的微生物提供所需的营养。

◀ 火山贻贝
这些巨型贻贝成群栖居在北太平洋永福海底火山口附近。

■ 过热的海水从黑烟囱里喷涌而出，温度高达350℃，它们会翻腾进入冰冷的海水中。

■ 有些化学物质变成了黑色的固体颗粒，产生了烟状效应。而其他化学物质都处于熔化状态，可以被微生物和动物吸收。

■ 海底其他火山口会产生沼气，这里成了某些具有相似生命形式的海洋动物的家园。一旦遇上冷水，这些不断向外渗漏的气体就会冷凝成固态。

巨型蠕虫

在所有栖居在黑烟囱和类似的火山口周围的动物中，巨型管状蠕虫最为壮观，长度可达1.8米。这些蠕虫在火山口周围形成了密集的群体，因为这里的海水富含化学物质，可以给寄居在它们体内的微生物群提供营养，而这些微生物群又能为巨型管状蠕虫制造食物。通过这种方式，这些蠕虫疯狂地生长，在短短几个月内就可以完全成形。

红色的羽毛

每条蠕虫都生活在一条内壁很薄的白色管子里。管子的上端有一片鲜红的羽状肉头，可以及取氧气和重要的化学物质。

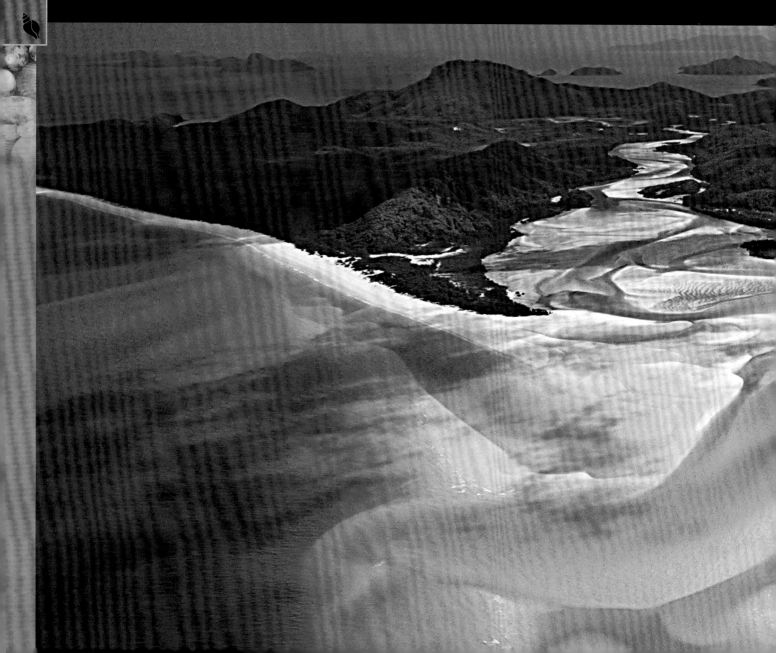

浅海

浅海非常温暖，阳光可以直接照射到这里。浅海边缘的陆地和岛屿上有各种形式的海洋生命——从繁茂的海藻林到色彩斑斓的珊瑚礁。

浅海

阳光照耀的海洋

海洋透光层仅限于深度200米以内的区域。大陆架附近的海域平均深度为150米，因此该海域都处于透光层，这也是大部分海洋动物栖息的区域。深海中大部分海域是漆黑的，缺乏有机物制造食物所需的光能，有机物在此无法生存，因此以有机物为食的动物也极少栖居于此。

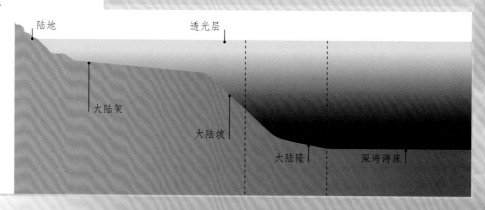

陆地　　　　　　　透光层

大陆架

大陆坡

大陆隆　　深海海床

富饶的水域

沿岸浅海海域中的海洋生物比深海更丰富。部分原因是该水域中含有更多营养物质，为漂浮在水面的微小植物类生物——浮游植物的生长提供了养料。同时，阳光可以穿透浅海海域，直达海床，促进浮游植物的生长，为在不同深度生活的动物提供了食物。

哇哦！

大陆架附近的浅海区仅占海洋面积的7%，不过地球上大部分海洋生命都生活在这里。

矿物质丰富

海藻和浮游植物不仅需要光来维持生长，而且还需要矿物质营养来形成活组织，这些活组织为其他海洋生物的成长提供了基本的食物。在沿岸浅海海域，河流流经陆地汇入海洋，带来了丰富的矿物质营养。波浪在拍打海岸岩石的过程中也溶解了不少其他重要的矿物质。

◀ 重要的矿物质

从黄河入海口的卫星图上看，人们可以发现矿物质是如何被带入海中，将大海变成黄色的。

风暴的作用

在海面附近海床上沉积的矿物质很容易与表层海水混合，这种现象通常发生在风暴来临时。风暴激起水浪，冲刷着海床上的淤泥，将淤泥带到了上层阳光照射的海域。淤泥给透光层的浮游生物提供了生长和繁殖所需的营养物质，而浮游生物又成为其他海洋生物的食物来源。

▲ 鲸鲨
成群的微小生物密密麻麻地分布在海洋表面。鲸鲨可以用筛状鱼鳃过滤海水，捕食这些微小生物。

生机勃勃

沿岸浅海海域有阳光照射，含有大量的营养物质，浮游植物在此迅速繁殖。它们如此密集，以至于水面呈现出云状的绿色。海域看起来像是被污染了，实则表明水中充满了微生物。

富饶的渔场

沿岸浅海海域生机勃勃，哺育了大群的鱼类，如鲱鱼、沙丁鱼和凤尾鱼，为人类提供了重要的食物来源。因此，沿岸浅海海域可以说是世界上已发现的最具价值的渔场。即使到了近些年，深海捕鱼仍然没有任何发展，而浅海海域不少海岸渔场已经出现了过度捕捞现象，面临着资源枯竭的危机。

海床

沿岸浅海海域与深海海底不同，阳光可以直射海床，使海床变得温暖。各种生命形式可以在此大量繁殖，蓬勃生长，尤其是在光照更充足的较浅海域。不同类型的海床为生物提供了各种各样的栖息地。

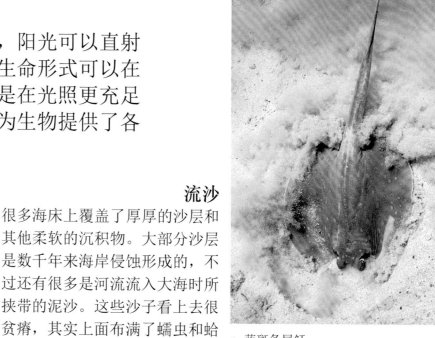

粗糙的岩石

在有些地方，坚硬的海底基石露出海面，形成了岩礁。岩礁上通常充满了海洋生命——海藻、海绵、海鞘和各种依附在岩礁上的贝类水生动物。粗糙杂乱的岩石上满是小洞，给鳗鱼、螃蟹、龙虾和章鱼等海底动物提供了安全的庇护所。

流沙

很多海床上覆盖了厚厚的沙层和其他柔软的沉积物。大部分沙层是数千年来海岸侵蚀形成的，不过还有很多是河流流入大海时所挟带的泥沙。这些沙子看上去很贫瘠，其实上面布满了蠕虫和蛤蚌挖的洞，这些动物成了其他海底动物的猎物。

▲ 蓝斑条尾魟
这种热带魟鱼的嘴巴长在身体下面，可以很轻松地铲起藏在沙层下面的猎物。

沉船

沿海海域有很多流动的沙洲和岩礁，它们位于水面下数米处。在精确的航海地图尚未绘制出来，又没有卫星导航的时代，这些沙洲和岩礁引发了很多海难。浅海海床上到处都是沉船残骸，有些残骸甚至有一千多年的历史。现在，这些残骸是海底生物最理想的家园。

火焰贝

流动的海水不停地搅动柔软的沙质海床，很多动物都难以生存。但是，某些软体动物，如火焰贝，可以用结实的丝状物将自己固定在沙子上，将沙子聚集成一张牢固的席子，其他动物就可以在这上面栖息。

坐享其成

阳光透过海面照射到浅海海床，给很多微型浮游生物提供了赖以生存的光照条件。对于以浮游生物为食的动物而言，它们只需静静地待在海床上的某个地方过滤海水，就可以获取足够的食物来维持生长。这些动物包括贻贝和其他软体动物，如蛤蚌、像花朵一样的海葵和蠕虫。这些蠕虫生活在管状物中，可以伸出冠状触手来捕食猎物。

◀ 孔雀缨鳃蚕
这种管状蠕虫有很多羽毛状的触手，触手可以像筛子一样过滤海水中的微型浮游动物和其他食物。

哇哦！

在一些浅海海域，古老的船沉没后，鱼类和其他海洋动物在此栖息，这里便成了人工鱼礁。

▲ 加拉帕戈斯群岛海狮
加拉帕戈斯群岛海狮是敏捷的猎人。它可以潜入水下200米的深处，寻觅鱼类、乌贼和甲壳动物。

海豹盛宴

海豹和海狮都在海中捕猎，但是它们需要回到水面呼吸。沿岸浅海海域对它们而言是个理想的捕猎场，它们能轻而易举地潜到海床处，寻找各种猎物，然后返回水面呼吸。在较深的海域，海豹和海狮无法潜到底部，而且捕捉快速游动的鱼类和乌贼需要耗费更多的体力。

海藻

海洋中大部分食物是由漂浮在开阔海域的微型浮游植物生产的。这些微型藻类的近亲生活在阳光直射的浅海海域，比微型藻类大得多，人们通常称之为海藻。它们虽然看上去很像植物，但是内部结构不同，算不上是真正意义上的植物。海藻必须在水下生长，不过有些也可以在潮汐海岸上生长。

叶状藻体

光合作用

海藻是多细胞海洋生物，是形成大多数海洋浮游植物的微型单细胞藻类的近亲。它们属于原生生物，既不是动物，也不是植物。但是，同植物一样，它们能吸收光能，并利用光能将水和二氧化碳转化为糖类，这一过程被称为光合作用。

柔软而灵活的主干无法自给自足。

上浮

海藻需要光照，因此必须生长在海洋表层。有些海藻在海洋中漂浮，但是大部分海藻依附在浅海海床的岩石上，它们灵活的主干和叶状藻体在水中漂浮。很多海藻长了可以充气的浮囊，这样叶状藻体就可以尽可能地贴近水面，吸收光能。

浮囊（气囊）使主干保持直立。

弄潮儿

海藻需要水来生产糖类，促进自身生长。海藻的整个顶部可以吸收水分，这点不同于植物——通过根、叶脉吸水。海藻只有在水下时，吸收水分的方式才与植物一样。不过，很多生长在沿岸海域的海藻生命力非常顽强，低潮时，即便裸露在海滩上几个小时，它们仍然可以存活。在太阳的暴晒下海藻会脱水，但是一旦潮水上涨将其淹没，它们又会很快恢复生机。

食藻动物

海藻为小蛤蚌、海胆、帽贝和各种鱼类等海洋生物提供了食物。很多热带鹦嘴鱼专门啃食长在珊瑚礁上的海藻，用坚硬的牙齿将海藻从岩石中掏出来，这样海藻就不会将整个珊瑚礁覆盖。

◀ 鹦嘴鱼
鹦嘴鱼的牙齿进化成了锋利的"喙"，可以挤进珊瑚岩中，掏出长在岩石上的小海藻。

海藻的种类

常见的海藻有三种类型——褐藻、绿藻和红藻。它们之间的区别不仅仅在于颜色，事实上，它们没有任何关联，结构大不相同。大部分褐藻都是体积庞大且坚韧的海藻；绿藻种类复杂，如海白菜；红藻主要有珊瑚海藻，可以促进珊瑚礁的形成。

褐藻

绿藻

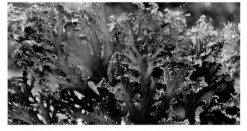

红藻

海藻林

在凉爽的海洋，海岸附近的浅海海域长满了繁茂的海藻。在有些地方，如美国的阿拉斯加和加利福尼亚海岸，巨藻形成了高大浓密的水下森林，为丰富多样的海洋动物提供了觅食和栖身之所。这些动物中有一部分会吞食巨藻，不过大部分动物会相互捕食。

清澈海域

在水质清澈的海域，如南北美洲的太平洋沿岸，巨藻——一种褐藻——在水面下40米的深处还能生长，而且高度与陆地上的树木差不多。巨藻扎根于海床之上，叶片穿透清澈的海水向上生长，末端在海面蔓延。有些叶片的长度可达50米。

▶ 海藻林冠

有了充气浮囊，海藻就可以浮起，图中加利福尼亚海岸的巨藻在水中呈现出向阳生长的态势。

🔍 坚固的锚

巨藻可以用固着器——一个爪子状的结构将自己固定在海床上。尽管固着器看上去像植物的根，但是它与根不同，不能吸收营养物质。它的主要功能是将巨藻固定在海床上，以免被海流冲走。巨藻的固着器上通常爬满了海绵、藤壶、贻贝和其他动物。

哇哦！

当生长条件良好时，巨藻每天能长60厘米。

海胆

海胆是巨藻的天敌，特别是一种名为紫海胆的海胆。它们是海星的近亲，身上长满了棘刺，嘴巴位于身体下方，可以蚕食巨藻叶片，一点点将巨藻全部吃光。海胆通常会成群地袭击巨藻，而且一旦有机会，大群的海胆就会摧毁大片的海藻林。

◀ 棘手的难题
这群饥饿的海胆很快就会吞噬掉巨藻坚韧的茎。

海胆捕食者

对巨藻而言，幸运的是，这些海域中的海獭最喜欢捕食海胆。它们可以潜到海床上寻觅海胆，然后将海胆带到水面，用石头将海胆砸开，这样它们就可以尽情享用被刺包裹着的鲜嫩的海胆黄，而不被利刺所伤。

巨型章鱼

太平洋巨型章鱼是栖居在巨藻中最大的动物之一，它们的腕伸展开可达4.3米。巨型章鱼主要捕食鱼类和诸如蛤蚌、龙虾及螃蟹之类的甲壳动物。与所有章鱼一样，巨型章鱼非常聪明，拥有很好的记忆力和敏锐的感官。

▼ 鲨鱼盛宴
一条死鲨鱼躺在海床上，给这只巨型章鱼提供了一顿免费的快餐。章鱼同很多海洋猎人一样，也是食肉动物。

海獭

在北太平洋寒冷的水域中，海獭极其厚实的皮毛不仅可以帮助它们保暖，还可以存储空气，使海獭拥有巨大的浮力，可以仰卧着漂浮在水面休息甚至睡觉。同时，海獭也会将巨藻叶片缠绕在身上，防止自己被海流冲走。

浅海

海底鱼类

沿岸浅海海床上栖居着各种奇特的鱼类。很多鱼已经适应了海床上的生活，它们体重很大，只能生活在海底。这些鱼大多身体扁平，非常善于伪装，当它们躺着一动不动时，很难被发现。有些鱼会猎食其他海底动物，如螃蟹和蛤蚌；其他的则是伏击式捕食者，它们会守株待兔，等到猎物进入攻击范围时再发动袭击。

浅海

伏击式杀手

有些掠食性鱼类半潜伏在海床上，等待猎物游到足够近的地方后再发动袭击。䲢的眼睛长在头顶，可以瞄准猎物。瞄准猎物后，它们会冲上去用锋利的牙齿咬住猎物。鮟鱇利用蠕动的诱饵将猎物引诱到一定范围内捕食，它的诱饵看上去就像挂在嘴上的一只蠕虫。

▲ 双斑䲢

双斑䲢是一种有超大眼睛的鱼，有毒。它在沙子里等待猎物靠近，只露出眼睛和向上翘的嘴巴。

灵敏的触觉

柔软的海床是小螃蟹和海洋蠕虫等穴居动物的家园。虽然它们藏在看不见的地方，但是有些鱼，如鲂鱼，仍然能够找到它们。这些鱼的胸鳍非常特别，上面布满了指状的敏感鳍条。当它们在海底缓慢游动时，这些敏感的鳍条可以帮助它们搜寻埋藏在沙子下面的猎物。

▲ 红鲂鱼

位于头部以下的鳍非常敏感，能够帮助这位北大西洋猎人寻觅隐藏的猎物。

岩石避难所

在岩石海床上，很多栖居在底部的鱼类会躲在岩石裂隙或巨石间的空隙中避难。这些地方不仅为小鱼提供了避难所，使它们免遭敌人的袭击，同时也为伏击式捕猎者提供了理想的藏身之地。有些鱼，如海鳝，生命中大部分时间都藏匿在同一块岩石中，只能捕食经过该地的猎物。

◀ 海鳝

这些强大的捕猎者拥有锋利的牙齿，可以捕捉并紧紧咬住拼命挣扎的光滑猎物。

不可思议的比目鱼

比目鱼刚孵化时，外形与普通鱼无异，不过慢慢地，它的形状发生了变化，可以平躺在海床上。眼睛的位置也在改变，分布在身体同一侧，嘴巴也扭曲了。它的身体上侧通常是极好的伪装。

▲ 比目鱼
比目鱼也称鲽鱼，分布于全球各大洋。它非常奇特，两只眼睛位于头部的同一侧。

◀ 斑点鹞鲼
两只斑点鹞鲼在岩石海床上方滑翔，寻找猎物。与很多鹞鲼一样，它们的尾巴上有刺。

长着翅膀的鳐

比目鱼的左右两侧都很扁平，可以平躺在海床上，而鳐则从头至尾都非常扁平。它们是鲨鱼的近亲，借助宽阔的翼状胸鳍游动。大部分鳐在海床上捕猎，而且很多鳐的牙齿宽而锋利，能够咬碎螃蟹和蛤蚌的硬壳。

哇哦！

电鳐通过放电来捕食。它会产生200伏的电压，强度足以在瞬间将小鱼电死。

海螺和海蛤

浅海海床上布满了无脊椎动物——内骨骼中没有脊椎的动物，其中很多是蛞蝓和蜗牛等软体动物的近亲。有些外形与蜗牛相似，有卷壳，头部和尾部清晰可见。其他的如蛤蚌和贻贝，它们没有头部和尾部，身体藏在两瓣可开合的壳中。

腹足爬行者

海螺与菜园蜗牛和蛞蝓一样，依靠腹部爬行，因此它们被称为腹足动物。有些海螺可以用锉刀状的舌啃食海藻。海螺还是积极的捕猎者，如泡螺，可以袭击并吞食海洋蠕虫等猎物。

▲ 与众不同的贝壳

泡螺贝壳上分布着红色条纹，非常容易辨认。它主要分布于印度洋和太平洋海域。一旦受到威胁，泡螺会缩进壳里。

独一无二的壳

很多海螺都有装饰性的壳。但是有些海螺拥有最引人注目、最独特的壳，热带梳骨螺就是其中一种，它全身长满了针状棘刺，可以用来抵御敌人的袭击。梳骨螺也会捕食其他软体动物，利用长长的管状吻寻觅猎物。

过滤捕食者

除了腹足动物，海洋软体动物中的另一大类是双壳动物，如蛤蚌、贻贝和扇贝。它们都有两瓣可开合的壳，通过过滤流经体内的海水来获得可食性微粒。大多数双壳动物栖居在固定的地方，埋在柔软的海床里，或是依附在岩石上。

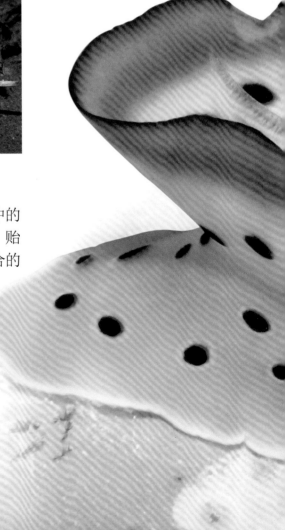

◀ 海扇

这只巨大的扇形双壳动物高达120厘米，栖居在地中海，尖的一头埋在海床中。

壳的内部

双壳动物和腹足动物的身体结构有相似之处，但是功能上存在着一定的差异性。例如，它们都有强健的肌肉足，只不过腹足动物用它来爬行，而穴居双壳动物用肌肉足将自己拉进沙子里。双壳动物和腹足动物仍有不同之处，双壳动物没有头部、大脑和明显的感官。

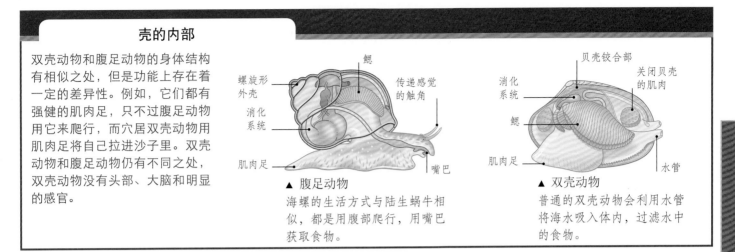

螺旋形外壳
鳃
传递感觉的触角
消化系统
肌肉足
嘴巴

▲ 腹足动物
海螺的生活方式与陆生蜗牛相似，都是用腹部爬行，用嘴巴获取食物。

贝壳铰合部
关闭贝壳的肌肉
消化系统
鳃
肌肉足
水管

▲ 双壳动物
普通的双壳动物会利用水管将海水吸入体内，过滤水中的食物。

色彩斑斓的蛞蝓

海蛞蝓的颜色异常鲜艳。很多海蛞蝓以捕食长有毒刺的海葵等动物为生。神奇的是，有些海蛞蝓还能吞食刺细胞，并将这些刺细胞储存在触角的顶部，用于自我防卫。

女王扇贝

铰合部
传递感觉的触手
一排单眼

猛地关上的贝壳

很多双壳动物的习性与植物相似，它们会扎根于某一个地方，而且没有任何感官。但是，扇贝不一样。它们的贝壳四周分布着传递感觉的触手，甚至还有眼睛。一旦被袭击，它们会啪的一声关上贝壳，迅速排出体内的水，推动身体前进。

它的前端有两个像角一样的结构，可以帮助它通过气味来觅食。

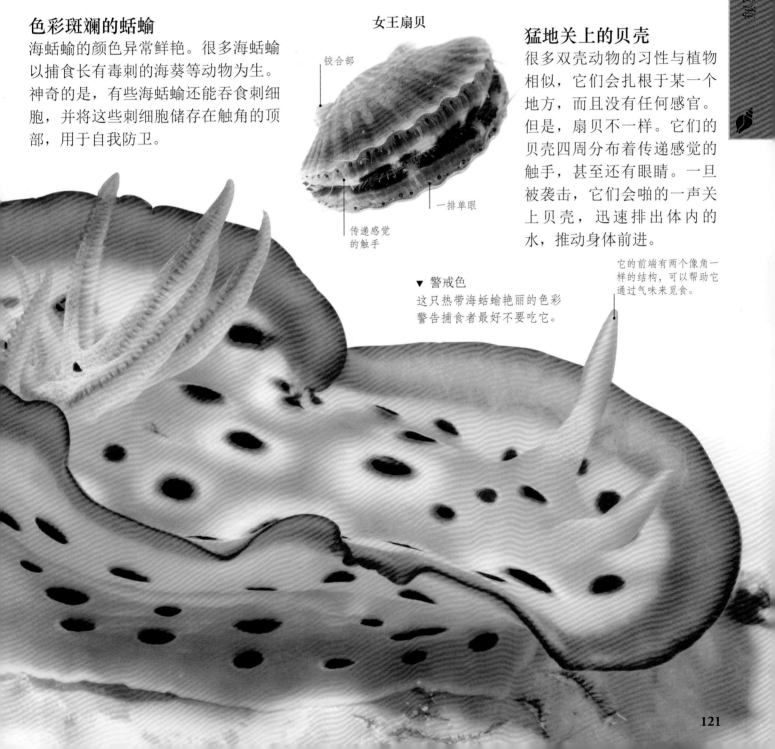

▼ 警戒色
这只热带海蛞蝓艳丽的色彩警告捕食者最好不要吃它。

枪乌贼、章鱼和乌贼

大部分海洋软体动物都是简单的动物，很多只有一些基本的感官。但是，枪乌贼（也叫鱿鱼）、章鱼和乌贼与其他软体动物不同，它们是精明的海上猎人，视觉敏锐，记忆力超群。它们的腕又长又灵活，非常适合捕猎、游动、防御和交流。

带壳鹦鹉螺

与其他的头足动物不同，鹦鹉螺长着一个蜗牛状的外壳，壳里充满了可以使其漂浮的气体，这样它就能像潜艇一样在水里上升和下沉。鹦鹉螺分布在印度洋和太平洋海域，它们在这些海域捕食其他动物，或吞食死亡动物的尸体。5亿年前，鹦鹉螺就已经出现在海洋中，比恐龙生活的年代还要久远。

喷气推进式枪乌贼

大多数枪乌贼与它们的近亲——乌贼和章鱼不同，它们分布于宽阔水域，在大的浅滩上出没。它们的身体呈高度流线型，漏斗喷水时，可以产生推动力，使其在水中快速地直线游动。有些枪乌贼甚至可以将水喷到空中。

▲ 选择低速游动
为了降低速度，这只枪乌贼会轻轻摆动身体后部的鳍。

五颜六色的乌贼

乌贼生活在沿岸浅海海域，在这一海域的海床上缓慢游动，寻找螃蟹、虾类和其他动物，用长长的触腕捕捉这些猎物。它们与其他头足动物相似，都有极强的变色能力，刹那间就可以将迷彩色变成令人眼花缭乱的斑马纹。即便是在移动的波浪中，它们也能像霓虹灯一样闪烁着缤纷的色彩。

▼ 秘密武器
普通乌贼用闪电般的速度伸出触腕，逮住一只螃蟹。

食蟹章鱼

章鱼是最广为人知的头足动物，通常生活在海床的裂缝中。它们会从裂缝中钻出来，捕食螃蟹等动物，并用8条布满吸盘的腕将猎物撕碎。与枪乌贼和乌贼不同，章鱼没有一对额外的触腕。它们非常聪明，学习能力很强。

◀ **恐怖剧毒**

猎物一旦被某些章鱼咬了一口，就会中毒而亡。个头较小的热带蓝圈章鱼含剧毒，毒性非常强，可以使人类在短短几分钟内身亡。

🔍 头足动物的内部结构

"头足"这个词就是"头部－腕足"的意思，用来形容腕足直接与动物头部相连并环绕在嘴巴四周的一种身体结构。头足动物嘴巴上有鸟嘴状的腭，舌头呈锯齿状。8条灵活的腕上有一排排吸盘。枪乌贼和乌贼还有一对可伸缩的触腕。

内壳　消化系统　眼睛　鸟嘴状的腭　触腕

外套腔　鳃　漏斗　锯齿状舌头　腕　吸盘

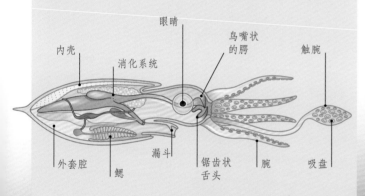

墨汁防御

当潜水者靠近时，这只巨型章鱼感觉到了威胁，立刻从漏斗中喷射出黑色的墨汁。墨汁在水中翻滚，看起来就像一股浓烟，这样章鱼就可以在水中快速向后游动，逃离危险。枪乌贼和乌贼也都采用同样的墨汁防御术。

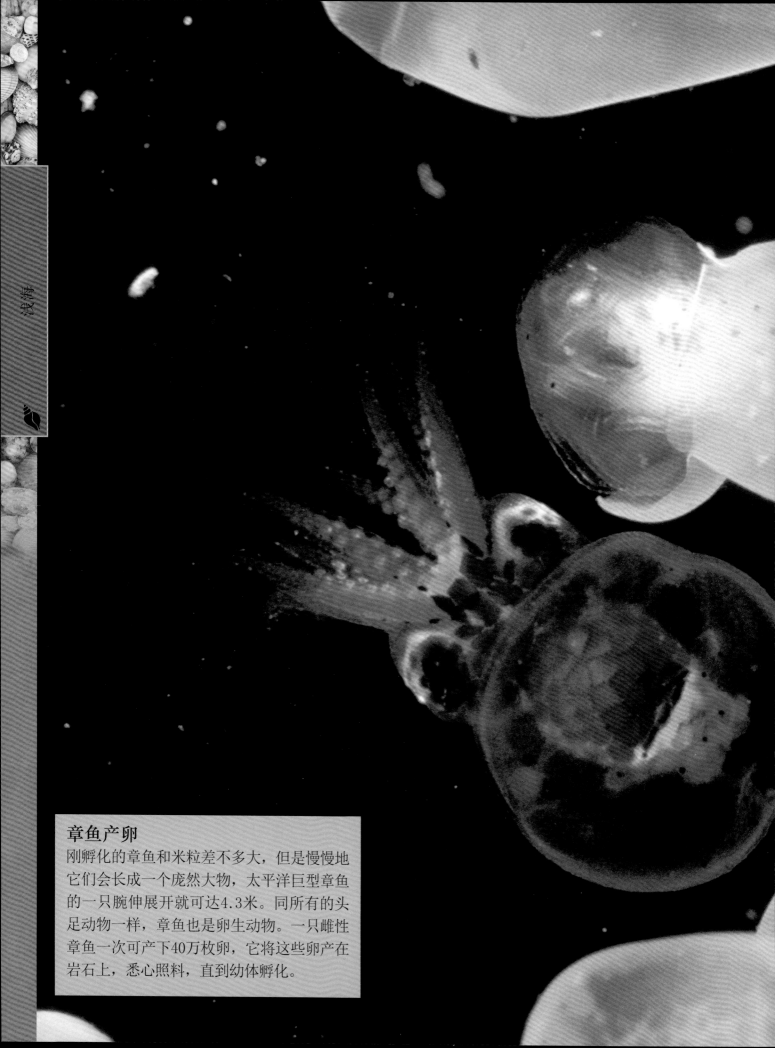

章鱼产卵

刚孵化的章鱼和米粒差不多大，但是慢慢地它们会长成一个庞然大物，太平洋巨型章鱼的一只腕伸展开就可达4.3米。同所有的头足动物一样，章鱼也是卵生动物。一只雌性章鱼一次可产下40万枚卵，它将这些卵产在岩石上，悉心照料，直到幼体孵化。

虾、龙虾和螃蟹

甲壳动物是海洋动物中一个重要的群体，分布在所有海洋中，但在沿岸浅海海域最为常见。与昆虫的身体一样，甲壳动物的身体也分节，节上覆盖着坚硬的壳。甲壳动物种类繁多，有的体型较大，如龙虾和螃蟹，全身覆盖着厚重的甲壳；有的像磷虾一样纤细；还有的是微小的桡足动物，是海洋浮游生物的主要组成部分。

节状肢体

很多甲壳动物的身体同这只虾一样，有头部、一连串的体节和几对功能各异的附肢，被坚硬的外壳（外骨骼）支撑着。构成外壳的材料是坚韧的甲壳质，与人类指甲的成分相似。硬的体节由活动关节连接起来。

随波逐流的幼体

所有甲壳动物都是卵生动物。例如，螃蟹的卵会孵化成微小的幼体，幼体生活在宽阔的海域。这些幼体会随着浮游生物漂流，为体型较小的甲壳动物提供食物。幼体会经历很多成长阶段，每个阶段都会蜕一次壳，外形也会随之改变。最后，它们会长成小的成年动物，栖居在海床上。

沉重的盔甲

龙虾、螃蟹和螯虾等甲壳动物的外骨骼由白垩矿物质加固，形成了厚重而坚硬的甲壳。当敌人袭击时，甲壳可以起到保护作用。同时，这些甲壳动物的外骨骼强劲有力，它们的螯可以粉碎猎物。

▶ 欧洲龙虾

欧洲龙虾的外壳沉重，将它们的身体压得很低，因此它必须栖居在海床上，以捕食螃蟹和海星等动物为生。

▲ 螃蟹幼体

螃蟹幼体会随浮游生物一起漂流，散布到远离父母家园的地方，在遥远的海域安家落户。

尾扇可以用来游动。

身体分节，覆盖着厚重的甲壳。

长长的触角可以在黑暗中感知猎物。

相对灵活的甲壳质形成了关节，这样龙虾就可以移动身体了。

较小的螯边缘非常锋利，用来切割猎物。

哇哦！

巨螯蟹是世界上最大的甲壳动物，它的双螯展开后，两端之间的距离约为4米。

新壳

外骨骼坚硬也存在着一个问题——它不能随着动物的成长而伸展。也就是说，每只甲壳动物必须不停地蜕壳，长出新的壳，就如同图中的这只螃蟹一样。当螃蟹悄悄从旧的硬壳中溜走时，它们的新壳非常柔软，可以伸展，在壳变硬之前，它们的个头会变大。在这一特殊时期，这只螃蟹没有任何防御能力，只能躲避敌人。

▲ 第一阶段
老壳（橘色）后部打开，下面露出了新的柔软的壳。接着，螃蟹就从老壳中钻了出来。

▲ 第二阶段
海水注入体内后，螃蟹柔软的外壳会不断膨胀。大约三天之后，软壳就会变硬。

▶ 鲸鱼藤壶
这些甲壳动物一生都依附在鲸鱼身上。外壳打开后，它们就可以伸出羽状触手来捕捉食物。

定居

藤壶是微小的海洋动物。刚出生时，它们也会像螃蟹幼体一样在海上漂流，但是成年后，它们就会将自己牢牢地粘在坚硬的表面。选定附着物后，藤壶会长出坚硬的骨板，通过过滤水中的食物来度过余生。有些藤壶甚至会粘在鲸鱼的皮肤上。

海星、海胆和海参

棘皮动物的身体基本上都是星形的，口位于身体中间。大部分海星身体明显呈五辐射对称，其实其他棘皮动物的身体也是这样的。它们分布在全球各大洋，捕食其他动物、啃食海藻或以海床上沉淀的可食性残屑为食。

刺球

"棘皮"一词是指皮肤像刺猬一样长满棘刺，用来形容海胆再恰当不过了，它们全身布满了棘刺。海胆与大多数海星一样，身体也呈五辐射对称，只不过海胆是球状的，就像一个5瓣的橘子。它们的管足既长又灵活，用来四处移动和获取食物。

▲ 全副武装

海胆移动速度缓慢，主要依靠它们的棘刺来威慑捕食者。棘刺通常很容易断裂，直接刺入袭击者的皮肤里。

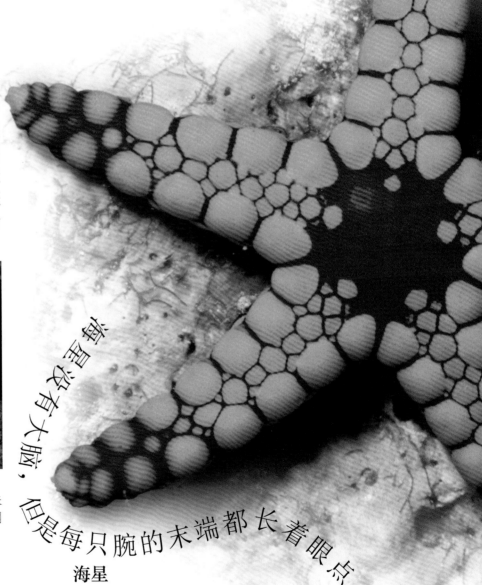

海星没有大脑，但是每只腕的末端都长着眼点

海星

大多数海星有5只腕，从中央体盘向外延伸，但是有些海星有50多只腕。与海胆一样，它们的管足非常灵活，每一段管足都有一个细小的吸盘。很多海星以捕食牡蛎等动物为生，它们会夹住这些动物的壳，将壳打开吃里面的肉。

▲ 鲜艳的颜色

很多海星颜色非常鲜艳，皮肤上有对比鲜明的棘刺和骨盘。它们鲜艳的色泽向捕食者发出了警告信息——它们吃起来很糟糕。

以旧换新

有关海星最神奇的事情之一就是它们即使受伤，还可以长出新的身体。一只海星很容易就能长出一条新的腕来替代失去的腕。如果失去的腕与中央体盘部分相连，就可以重新长出一具完整的身体。也就是说，如果海星被切成了两半，它们依然能存活下来，失去的腕会重新长出来，变成两只海星。

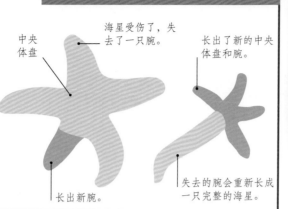

海星受伤了，失去了一只腕。

中央体盘

长出了新的中央体盘和腕。

长出新腕。

失去的腕会重新长成一只完整的海星。

星形群体

蛇尾海星是一种纤细的海星，腕非常灵活，中央体盘很小，呈圆形。它们栖息在海床上，长满棘刺的腕非常灵活，可以用来在沙子上爬行。这些色彩斑斓的海星以吃海床上沉淀的细小食物微粒为生。因此，在食物供应充足的地方，它们会形成密集的群体——在面积仅1平方米的地方可聚集2000多只海星。

过滤海水

海羽星紧紧地依附着海床上的岩石，这是一种已经适应了身体倒置的海星。它们主要捕食微型浮游生物和海中漂浮的可食性微粒，通常羽状腕上会伸出管足，可以用来捕食猎物。

哇哦！

海星在海洋中至少生活了4.5亿年，比陆地上最早出现的恐龙还要久远。

口四周的触手主要用来收集食物。

清道夫

海参的身体瘦长，呈五边形，口和触手都长在同一边。它们栖居在海床上，吞食柔软的淤泥沉积物，消化所有可食物质。一旦受到威胁，它们就会向袭击者喷出一种黏稠物质。

水母和海葵

水母在海洋中优雅地穿行，是刺胞动物中的一大类，海葵和珊瑚虫也是此类动物的代表。这些动物虽然外形各异，但是身体的基本结构相同，都长了刺细胞，可以刺晕猎物。它们分布于全球不同深度的海域中，但是在沿岸浅海海域尤为常见。

浅海

优雅的水母

水母是最壮观的刺胞动物，它们生活在宽阔的海域。游动时，水母会先挤压灵活的身体将水喷出体外，然后放松使身体恢复原样。水母的钟状体周围长满了触手，较大的捕食触手分布在口（位于身体的中心部位）周围。有些水母会捕食可食性微粒，但是有的也会不断利用它们的刺细胞诱捕猎物。

像很多水母一样，紫水母在黑暗中会发光

管状或伞状

所有刺胞动物的身体都呈空心圆形或管状，由内外两个胚层组成，两个胚层之间隔着一层中胶层。内胚层的作用与胃黏膜类似。刺胞动物有水螅型和水母型两种类型。海葵等刺胞动物属于管状水螅，它们牢牢地粘在岩石上，口和冠状带刺触手迎面朝上。相比之下，水母等都属于水母型，它们的身体呈伞状，口和触手向下，可以在水中自由游动。

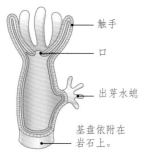

触手
口
出芽水螅
基盘依附在岩石上。

▲ 水螅型
水螅型呈管状，依附在岩石上。有些种类的水螅会通过出芽的方式进行繁殖，即从体侧长出更小的水螅。

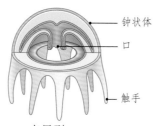

钟状体
口
触手

▲ 水母型
成年水母就是一种水母型。在生命周期中的某个阶段，大多数水母会以水螅的形式出现，然后长成了水母。

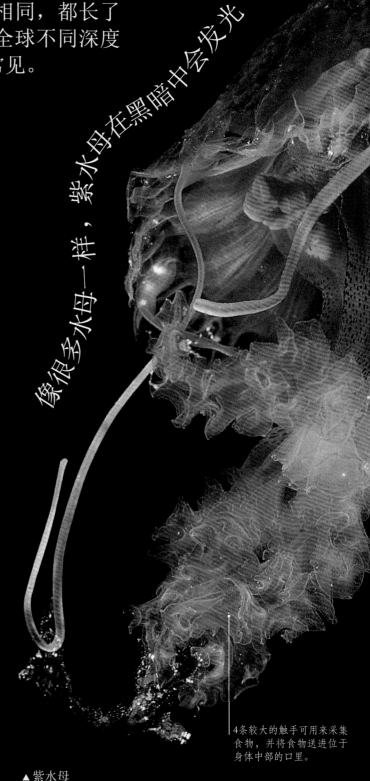

4条较大的触手可用来采集食物，并将食物送进位于身体中部的口里。

▲ 紫水母
这种色彩绚丽的水母生活在世界上所有温暖和稍稍凉爽的海洋中，以捕食其他浮游动物为生。被它们的毒刺扎一下会非常疼。

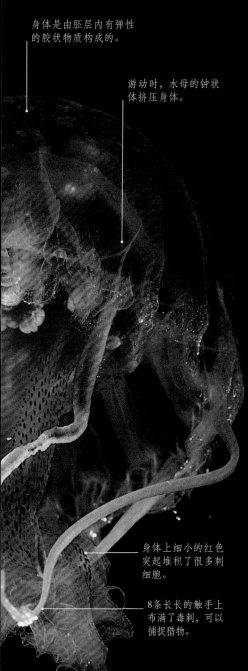

身体是由胚层内有弹性的胶状物质构成的。

游动时，水母的钟状体挤压身体。

身体上细小的红色突起堆积了很多刺细胞。

8条长长的触手上布满了毒刺，可以捕捉猎物。

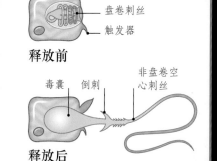

刺细胞

水母、海葵和其他刺胞动物都有微小的刺细胞。每个细胞都有一个带刺的毒叉。细胞一旦受到刺激——通常是被触摸——就会立刻发射毒叉，刺入敌人或猎物的皮肤，注射毒液。每个细胞十分微小，但是水母有很长的带刺的触手，触手上可能会有成千上万，甚至上百万的刺细胞。被这些密集的刺刺中后会产生难以忍受的疼痛感，甚至死亡。

盘卷刺丝

触发器

释放前

毒囊　倒刺　非盘卷空心刺丝

释放后

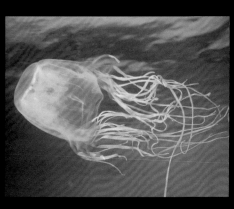

热带杀手

箱型水母被认为是海洋中最致命的动物之一。它们生活在澳大利亚和印度尼西亚周围的热带珊瑚海中。最大的箱型水母大小与一个篮球相当，触手上有3000多根毒刺。

海葵

海葵看似无害，实则是海洋中高效的捕猎者。它们利用带有毒刺的触手诱捕微小的浮游动物和其他食物颗粒。很多海葵，如宝石海葵，看上去就像是色彩斑斓的花朵；而其他海葵，如沟迎风海葵，看起来像一群群正在蠕动的蠕虫。此外，它们还大小各异，直径长度介于1.5厘米到1米之间。

最佳搭档

虽然海葵会用它们的刺细胞捕捉并杀死猎物，但是生活在热带珊瑚海中的小丑鱼对它们的毒液具有免疫力。小丑鱼皮肤上的黏液可以防止被刺伤。小丑鱼跟某些种类的海葵一起生活，躲在海葵的触手下面，这样它们就可以免遭捕食者的袭击。相应的，小丑鱼会吃掉那些对海葵有害的小动物。

哇哦！

紫水母的身体仅有10厘米宽，但是身体下面长着10米多长的带刺触手。

珊瑚和珊瑚礁

珊瑚是海葵的近亲，与海葵一样，它们的身体呈管状，口位于身体中部，四周分布着冠状触手。不过，与海葵不同的是，很多珊瑚彼此相连，形成了珊瑚群。有些珊瑚的骨骼是由石灰质构成的，日积月累，形成了色彩艳丽的珊瑚礁，成为成千上万种海洋动物的家园。

鹿角珊瑚是珊瑚礁上生长速度最快的珊瑚之一，颜色多呈粉红色、蓝色或黄色。

珊瑚礁

硬珊瑚从海水中吸收矿物质，构成石灰质杯状物来支撑它们柔软的身体。珊瑚死亡后，石灰质骨架仍然存活，并从顶部长出新的珊瑚。经过了数千年的累积，这些珊瑚形成了大片的珊瑚岩，上面覆盖了许多不同种类的活珊瑚。珊瑚礁主要形成于热带海岸或热带岛屿的周围，特别是在西太平洋、印度洋、加勒比海和红海海域。

红扇珊瑚的分枝坚韧而灵活，不停地向外伸展。

▶ 珊瑚群
单个的珊瑚水螅（图中白色部分）形成了珊瑚群，它们通过管状骨架或分枝（图中红色部分）相互连接，用带刺触手来捕食、消化并分享营养物质。

▶ 重要搭档
清澈的热带海域中只有极少的可食性浮游生物。但是，那里的珊瑚礁上生长的微型海藻（图中绿色部分）可以利用光能合成糖类。因此，即使是在食物匮乏的水域，珊瑚也能茂密生长。这种关系称为共生关系。

盘状星珊瑚是由数百只小的珊瑚水螅组成的。

手指珊瑚

浅海

132

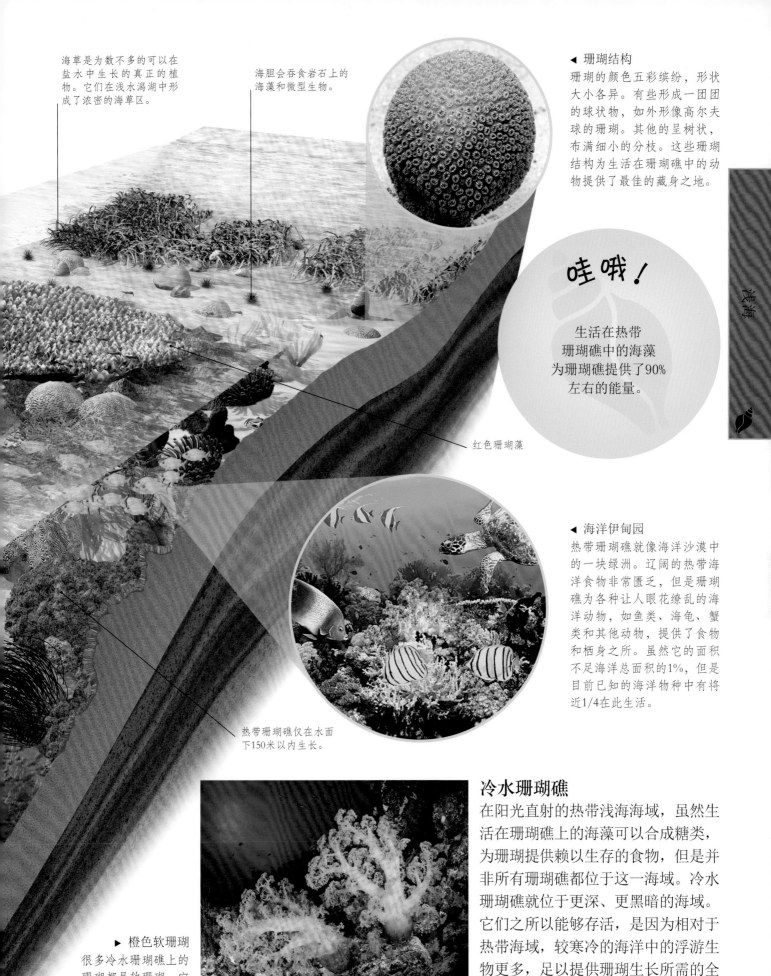

海草是为数不多的可以在盐水中生长的真正的植物。它们在浅水潟湖中形成了浓密的海草区。

海胆会吞食岩石上的海藻和微型生物。

◀ 珊瑚结构
珊瑚的颜色五彩缤纷，形状大小各异。有些形成一团团的球状物，如外形像高尔夫球的珊瑚。其他的呈树状，布满细小的分枝。这些珊瑚结构为生活在珊瑚礁中的动物提供了最佳的藏身之地。

哇哦！
生活在热带珊瑚礁中的海藻为珊瑚礁提供了90%左右的能量。

红色珊瑚藻

◀ 海洋伊甸园
热带珊瑚礁就像海洋沙漠中的一块绿洲。辽阔的热带海洋食物非常匮乏，但是珊瑚礁为各种让人眼花缭乱的海洋动物，如鱼类、海龟、蟹类和其他动物，提供了食物和栖身之所。虽然它的面积不足海洋总面积的1%，但是目前已知的海洋物种中有将近1/4在此生活。

热带珊瑚礁仅在水面下150米以内生长。

冷水珊瑚礁
在阳光直射的热带浅海海域，虽然生活在珊瑚礁上的海藻可以合成糖类，为珊瑚提供赖以生存的食物，但是并非所有珊瑚礁都位于这一海域。冷水珊瑚礁就位于更深、更黑暗的海域。它们之所以能够存活，是因为相对于热带海域，较寒冷的海洋中的浮游生物更多，足以提供珊瑚生长所需的全部食物。

▶ 橙色软珊瑚
很多冷水珊瑚礁上的珊瑚都是软珊瑚，它们没有石灰质骨骼。

大堡礁

大堡礁是世界上最大的珊瑚礁群，位于澳大利亚东北的热带海岸。它是由3000座珊瑚礁组成的。这些珊瑚礁相互连接，构成了一条2300千米长的活体珊瑚岩链条，这是地球上最大的生物结构。

海洋屏障

这座壮观的珊瑚礁之所以被称为大堡礁，是因为它就像海岸上的一道屏障，阻挡了从辽阔的太平洋奔涌而来的巨浪。大堡礁在海上延伸了2000多千米，一直到澳大利亚大陆架的边缘地带。大堡礁与海岸之间的海域相对较浅，但是大堡礁以外的海域深度为0～1000米，甚至更深。

▶ 太空俯瞰图

国际空间站在澳大利亚东北部的弗拉特里角上空431千米处绕轨道运行。从上空俯瞰，大堡礁就像一条连绵不断的珊瑚彩带，沿着大陆架边缘不断延伸。

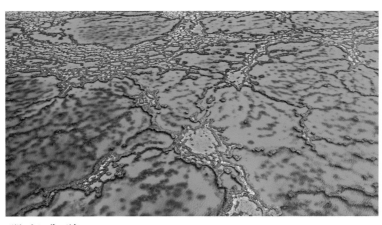

珊瑚礁群

大堡礁并不是一堵连绵不断的珊瑚墙。礁顶形成了一个由坚固的珊瑚岩组成的复杂网络，包围了数千座面积较小的浅水潟湖。这些潟湖中的海水清澈蔚蓝，底部是白珊瑚砂堆积而成的柔软湖床。

▲ 最大的珊瑚礁群

大堡礁沿澳大利亚的太平洋海岸向外延伸，从布里斯班附近的南回归线延伸至位于澳大利亚和新几内亚之间的托雷斯海峡。

大组合

约有400种硬珊瑚生活在大堡礁。这些硬珊瑚不断积淀石灰质，经过1500万年，逐渐形成了大堡礁。但是，大堡礁的形成过程曾多次出现中断，当前的成长阶段持续了6000年。

詹姆斯·库克

4万多年前，人们开始在大堡礁上捕鱼，但是直到1770年它才被科学家发现。1770年，英国探险家詹姆斯·库克船长带领全体船员驾驶"奋力"号前往澳大利亚海岸，当"奋力"号撞上了大堡礁时，他们才发现这个地方。"奋力"号几乎快沉没了，不得不停在海滩上修理，也就是在现在凯恩斯市北部的库克敦。

神奇的多样性

大堡礁孕育了各种各样神奇的生物，包括1500多种鱼类、30多种鲸和海豚，以及5000多种软体动物。每种生物都有其独特的生活方式，在地球上最复杂、最丰饶的生命之网中相互影响、相互制约。

珊瑚鱼

生活在珊瑚礁中的鱼类具有不可思议的多样性。很多鱼颜色鲜艳，鲜艳的颜色可以帮助它们找到彼此，或是吓唬捕食者。有些鱼会成群游动，边游边啃食珊瑚，或是从水中滤食可食性微粒。其他的鱼喜欢独居，藏在珊瑚礁的裂缝里。还有些鱼长得非常奇特，通过伪装或毒液进行自我防卫，抵御捕食者。

蝴蝶鱼
色彩绚丽

体长	可达30厘米
分布	大西洋、太平洋和印度洋海域
食物	珊瑚虫、蠕虫和浮游生物

很多珊瑚鱼身体短小扁平，一旦遭到捕食者的袭击，它们就潜入珊瑚之间的缝隙中。蝴蝶鱼就是其中的一种，它们可以用狭窄的吻部啄食珊瑚，捕食从珊瑚礁裂缝里跳出来的小蠕虫和其他动物。

梭鱼
穷追不舍

体长	可达2米
分布	所有热带海域
食物	鱼类

梭鱼、濑鱼、石斑鱼和鲹都喜欢追逐并捕食在宽阔海域中游来游去的小鱼。特别是梭鱼，它们是狡猾而强大的杀手，会对鱼群发起快速进攻，然后用锋利的牙齿将鱼撕成碎片。

神仙鱼
色彩绚丽

体长	可达60厘米
分布	所有热带海域
食物	主要以小动物为食

神仙鱼是所有珊瑚鱼中色彩最绚丽、图案最鲜明的鱼类之一，在生长过程中，有些神仙鱼的颜色和图案会发生变化。它们与蝴蝶鱼很像，但是身体通常较大。神仙鱼要么独自行动，要么成对出现，捕食漂浮的微型浮游生物和一些长得像植物的动物，如藏在珊瑚中的海绵和海鞘。

刺尾鱼
忙碌的鱼群

体长	可达40厘米
分布	所有热带海域
食物	海藻

大群刺尾鱼在珊瑚丛中游动，寻觅食物。它们是食草动物，细小的牙齿可以啃食微型海藻或其他藻类。刺尾鱼之所以得其名，是因为尾巴两边长着刀状棘刺，棘刺像医生的手术刀一样锋利。

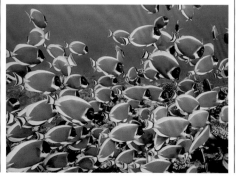

鲨鱼
顶级捕食者

体长 可达5米
分布 所有热带浅海海域
食物 鱼类、海豚和海龟

鲨鱼经常在珊瑚礁四周巡游，如乌翅真鲨、灰三齿鲨和体型更大且更具杀伤力的虎鲨。这些顶级捕食者通常会潜入珊瑚礁以外的深海海域，但是它们也会沿着珊瑚之间的通道向上游，游到珊瑚礁中的浅水潟湖中。

▲ 虎鲨
凭着敏锐的视觉和嗅觉，虎鲨成了夜行性捕食者，攻击任何从身旁经过的生物。

清洁鱼
贴身服务

体长 可达12厘米
分布 印度洋和太平洋海域
食物 鱼类寄生虫

所有鱼类都会遭到吸血寄生虫的困扰，这些寄生虫依附在鱼类的鳃部和皮肤上。这种被称为清洁鱼的珊瑚鱼可以帮助其他鱼类找出寄生虫，并将虫子吃掉。它们通常会在大鱼的鳃里甚至牙齿四周工作，但是这绝不会伤害到它们，即使那些鱼通常会捕食小鱼。下图中一条夏威夷清洁鱼正在悉心伺候某位客户。

石头鱼
潜伏的杀手

体长 可达50厘米
分布 热带印度洋和太平洋海域
饮食 鱼虾

岩礁鱼类通常会遭到潜伏捕食者的埋伏。石头鱼就是潜伏捕食者的一种，它们一动不动地躺在珊瑚丛中时，可以伪装成一块被海藻遮盖的岩石。它们会静静地等待猎物游到一定距离内，然后迅速冲上去，张开大嘴咬住猎物。石头鱼的背上长着锋利的棘刺，可以向敌人注射致命的剧毒，使自己免受敌人的袭击。

狮子鱼
有毒棘刺

体长 可达45厘米
分布 最初分布于太平洋和印度洋海域
食物 小鱼和其他动物

狮子鱼的鱼鳍非常华丽，掩盖了含剧毒的棘刺。对大多数鱼类而言，它们是极其危险的猎物。狮子鱼是行动迟缓、技艺高超的猎人，它们会利用鲜艳的色彩向捕食者发出警告——不要打扰它们。所以，除了对其毒刺有免疫力的鱼，如鲨鱼和一些较大的石斑鱼，狮子鱼几乎所向披靡。

浅海

礁栖无脊椎动物

五彩缤纷的鱼类是珊瑚礁中最常见的动物，不过，珊瑚礁中也生活着其他生物。这些生物大多数都是各种各样的无脊椎动物，包括甲壳动物，如虾和螃蟹，还有棘皮动物，如海星。有些动物看上去更像植物，因为它们与构成珊瑚礁的珊瑚一样，一生都扎根在同一个地方。但是，其他动物会在珊瑚礁附近徘徊，捡拾残羹冷炙或捕食。

▲ 桶状海绵
加勒比海的热带珊瑚礁中有这种巨型桶状海绵。它们的身体呈空心桶状，直径可达1.8米。

活海绵

海绵是最简单的珊瑚礁动物之一。它们将水从海绵状的体壁中泵出，过滤水中的食物微粒。它们具有弹性，可以吸水，现在仍然可以当作天然的浴用海绵。

过滤捕食者

在珊瑚礁中，大部分长得像植物的动物都是通过过滤流水中的小动物或其他食物来维持生命的。这样，它们就不用为了生存而在珊瑚礁附近徘徊，费力地寻找食物。尾索动物就是其中一种，它们的身体呈空心状，体内有像篮子的过滤器官，可以将水泵出。有些过滤捕食者是独居生物，但是大多都是群居动物，依附在珊瑚岩上。

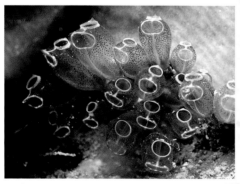

▲ 蓝铃海鞘
每一只尾索动物都可以利用位于身体顶端的入水口吸水，然后将水通过一侧的出水口泵出。

扁平的触手可以觉察到附近猎物的动态。

眼睛不停地转动，侦查猎物的具体位置，准备发起准确的袭击。

用来重击猎物的螯折叠起来，藏在看不见的地方。

海扇

有些珊瑚没有石灰质骨架，因此不能促进珊瑚礁的形成。这些珊瑚是软珊瑚，它们与构成珊瑚礁的硬珊瑚一样，很多都是由相互联系的微型动物组成的群落。例如，柳珊瑚（海扇）形成了由长着触手的微型水螅聚集而成的分枝群落，这些水螅长在珊瑚礁上，看上去就像是被修整过的树。这种生长方式可以使它们迎着海流，获得更多捕食从它们身边流过的食物微粒的机会。

▲ 棘冠海星

棘冠海星是珊瑚的死敌，它们的直径可以长到30多厘米。这种海星的颜色异常绚丽。

令人毛骨悚然的杀手

棘冠海星有多达21只腕，上面布满了长而锋利的有毒棘刺。它们以活体珊瑚为食，捕食时，它们将胃从身体中央的口里翻出来，将珊瑚泡在有毒的消化液中软化成汤汁状，然后慢慢地将其吸收。有时候，成群的棘冠海星可以席卷整个珊瑚礁，吞掉所有活体珊瑚，仅留下石灰质骨架。

猛击捕食者

色彩绚丽的螳螂虾生活在珊瑚礁中，是恐怖的捕食者。有些螳螂虾的螯上布满了锋利的镰刀状尖端，可以叉捕从它们身边经过的鱼。其他螳螂虾的螯呈锤形，可以砸碎甲壳动物的硬壳。它们击打的力度如此之大，足以使甲壳动物当场丧命。

哇哦！

雀尾螳螂虾的螯猛烈地击打猎物时，速度可达80千米/时。在所有动物中，它的击打速度最快。

致命的海螺

鸡心螺的尖端部分呈管状，布满了极具威慑力的毒叉。较大的鸡心螺所含的毒素可以致人死亡。它们会用毒液袭击并杀死小鱼，然后将整条鱼吞掉。鸡心螺有600多个不同的种类，很多种类生活在热带珊瑚礁中。

◀ 雀尾螳螂虾

螳螂虾是龙虾的近亲，生活在北太平洋和印度洋海域的珊瑚礁上。它们在珊瑚砂中挖洞，将自己隐藏起来。

▲ 织锦芋螺

织锦芋螺是鸡心螺中体型较大、较危险的一种，它们生活在太平洋和印度洋海域的所有珊瑚礁上，主要以捕食生活在海底的鱼类为生。

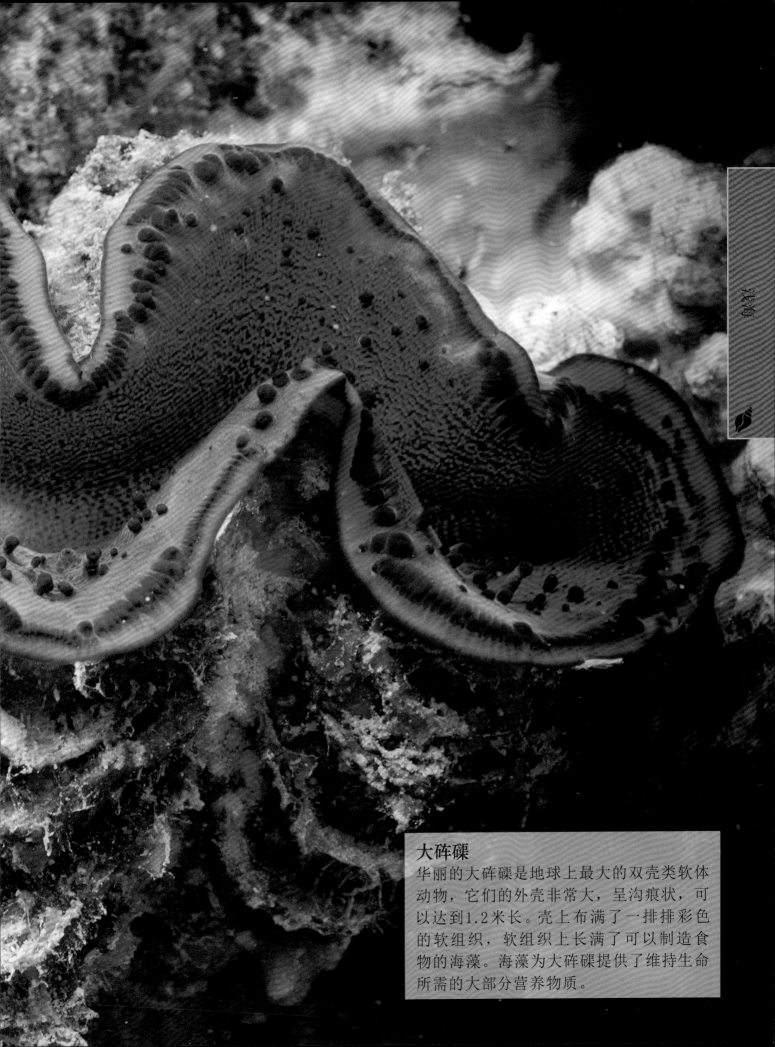

大砗磲

华丽的大砗磲是地球上最大的双壳类软体动物，它们的外壳非常大，呈沟痕状，可以达到1.2米长。壳上布满了一排排彩色的软组织，软组织上长满了可以制造食物的海藻。海藻为大砗磲提供了维持生命所需的大部分营养物质。

环礁和潟湖

有些热带海洋中点缀着被珊瑚礁环绕的岛屿。很多岛屿是逐渐沉到海面下的死火山。当它们下沉时，珊瑚仍然在不停地生长。随着时间的流逝，原来的岛屿消失了，只剩下环绕着浅水潟湖的环形珊瑚礁，也就是人们所说的环礁。其他的环礁是因海平面上升导致岩石海岭露出海面而形成的。

沉没的火山

一旦火山岛停止了喷发，火山下面的岩石就会冷却收缩，岛屿也会开始下沉。但是，岛屿周围的珊瑚仍然会向上生长，抵消岛屿的缩减，这样岸礁就形成了堡礁和一圈珊瑚岛屿——环礁。

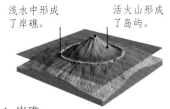

浅水中形成了岸礁。　　活火山形成了岛屿。

▲ 1. 岸礁

热带火山岛迅速发展，很快就在海滨附近形成一座由活体珊瑚组成的岸礁。

岸礁中间形成了潟湖。　　下沉的火山

▲ 2. 堡礁

当死火山开始下沉时，珊瑚会向阳生长。

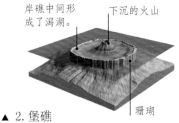

岩床下沉时，珊瑚仍然在不停地生长。　　火山顶消失了。

▲ 3. 环礁

数百万年后，火山消失了，只剩下一座环形珊瑚礁。

塔希提岛
火山岛

地理位置　西太平洋波利尼西亚群岛
类型　被岸礁环绕的火山岛
总面积　1045平方千米

塔希提岛由两座被珊瑚礁环绕的火山顶组成。这些火山已经死亡了，正在冷却，但是它们仍然与20多万年前活跃时的高度相当。因此，周围的岸礁仍然靠近海滨区。

博拉博拉岛
下沉的火山顶

地理位置　西太平洋波利尼西亚群岛
类型　被堡礁环绕的火山岛
总面积　29平方千米

尽管博拉博拉岛与塔希提岛位于同一座岛链上，但是它的历史更加悠久。岛屿中部的火山最后一次喷发是在300多万年前，死亡的火山顶一直在下沉。在这一过程中，岛屿与周围的堡礁之间形成了一个宽阔的潟湖。

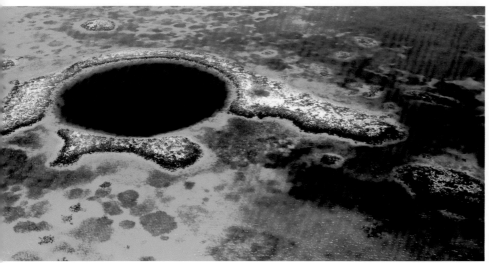

灯塔礁
巨大的蓝洞

地理位置 加勒比海西部
类型 岭礁
总面积 300平方千米

灯塔礁位于中美洲伯利兹海岸附近。它并不是在死火山上形成的岛屿，而是在一条石灰质海岭上逐渐形成的。冰河时代末期结束时，大陆冰层融化，海平面上升，这条石灰质海岭被海水淹没了。

当这条海岭变成干燥的陆地时，石灰质洞穴都被海水淹没了。在它的中心，某个洞穴的顶部崩塌，形成了一个巨大的蓝洞——淡蓝色浅水潟湖中的一个幽深而黑暗的水下深渊。

马尔代夫
环礁组成的环礁群

地理位置 北印度洋
类型 岭礁
总面积 9000平方千米

马尔代夫群岛位于热带印度洋上，是一条由从南部向印度延伸的火山岩海岭形成的环礁群。这座群岛与众不同，很多环礁是由更小的环礁组成的环礁链。从太空中俯瞰，它就像一串漂浮在蓝色海洋上的珍珠。岛屿最高处仅高出海平面2.4米。

▼ 完美的圆环
马尔代夫群岛至少由1192座岛屿组成，这座形状像珠宝一样的环礁就是其中的一座。

阿尔达布拉群岛
蘑菇群岛

地理位置 西印度洋
类型 隆起环礁
总面积 155平方千米

阿尔达布拉群岛是世界上最大的珊瑚环礁之一。它比较特别，因为形成山脉的外力将山脉下面的海床向上推，使珊瑚礁浮出了海面。大海将隆起的珊瑚礁分割成了一些较小的蘑菇形岛屿，下图为群岛中的一座岛。

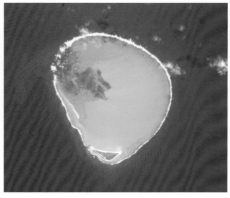

库雷环礁
环形珊瑚礁

地理位置 太平洋夏威夷群岛
类型 火山形成的环礁
总面积 80平方千米

库雷环礁是夏威夷群岛链中最古老的一个部分。它曾是一座活火山，但在很久以前就丧失了活动能力，而且在过去的250万年间一直在下沉。现在这座火山已经消失，仅剩下一条环绕着浅水潟湖的环形珊瑚礁。环礁上唯一的一座大型沙岛成了数千只海鸟的筑巢地。

海岸和海滨

海滨经常遭受海浪的拍击和潮汐的侵袭，是剧烈侵蚀的边缘区。这里的岩石被磨成了碎石。为了生存，这里的生物与恶劣的环境进行着不懈的斗争。

潮汐

在大部分海滨地区，海面每天都会不停地涨落，淹没部分海岸后又使它们露出水面。这些涨潮与退潮都是由月球引力引起的，同时它们也会受到其他外力的影响。潮涨潮落会引发强大的局部海流，这些海流每隔数小时就会改变运动方向。

▲ 低潮
不同于世界上大多数海岸，越南海岸一天24小时内只发生一次高潮和低潮。

月球的牵引力

下图显示了月球引力如何发挥作用。它会牵引着海洋，拖动海水运动，并形成两股巨大的潮汐隆起。同时，由于地球绕轴自转，潮汐隆起会淹没大部分海岸，之后便会撤离，形成高潮和低潮。

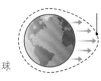
潮汐隆起效应
地球　月球

▲ 引力的影响
在引力的作用下，海水被拖着向月球的方向运动，因此海平面上升的部分通常在面向月球的一面。

潮汐隆起涌向另一边。

▲ 镜像
地球也在绕月球运动，只不过幅度非常小，因此地球上背朝月球的一边发生了第二次潮汐隆起。

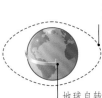
组合型潮汐隆起
地球自转一周为一天。

▲ 地球自转
潮汐隆起与月球运动保持一致，随着地球自转，海岸每天都会经历两次潮汐隆起。

潮汐海岸

当潮位下降时，被海水覆盖了数小时的海岸有一部分露出了水面。在有陡峭悬崖的岩石海岸，涨潮和退潮时的差别可能不太明显，但是在坡度较小的海岸，如沙质海滩，哪怕海水只退几米，大片的潮滩也会露出水面。

▲ 涨潮
当潮位开始再次上涨时，海水又会升到最高位，将沙滩淹没。这个过程发生得非常快，会将沙滩变成一片波光粼粼的辽阔浅海区。

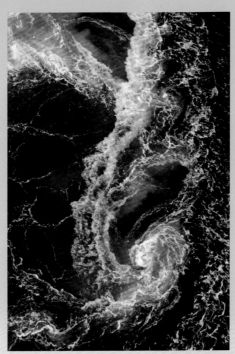

潮汐湍流

涨潮和退潮会使海水以局部海流的形式向海岸移动，也就是人们所说的"潮汐流"。当这些潮汐流进入海岬附近或岛屿之间的地带时，水流速度会加快，有时候会形成危险的潮汐湍流。只有当潮汐流流动速度非常快，途中既出现高潮又出现低潮时，这种情况才会发生。其他的时候，海面风平浪静。

◀ 大漩涡
位于挪威西海岸的莫斯科埃大漩涡是世界上最著名、最危险的潮汐湍流之一。海水会以高达40千米/时的速度涌向海峡，一天两次。

局部效应

大多数海岸一天会经历两次高潮。但是有些地方只有一次，因为海岸线的形状会随着海水流动方式的变化而发生改变，这也会影响潮汐的高度。在某些海岸，海水灌入漏斗形的海湾，引发了极高的潮汐。

月球和太阳

新月和满月每两周交替出现一次，当出现这种情况时，绕地球运动的月球就与太阳在同一条直线上。此时，太阳引力和月球引力会形成合力，引发被称为大潮的特大潮汐，高水位与低水位之间形成了巨大差异。当上弦月和下弦月出现时，太阳引力会抵消月球引力，引发小潮。在这种情况下，高水位和低水位之间的差异非常小。

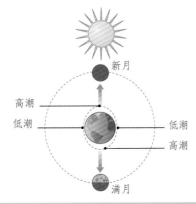

▶ 大潮
当太阳引力和月球引力形成合力时，潮汐隆起就会增大，引发大潮。

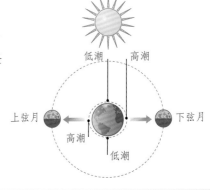

▶ 小潮
当太阳引力抵消月球引力时，潮汐隆起较小。

波浪能

波浪拍击着裸露的海岸，将坚硬的岩石击碎、磨光，并在海平面上将这些岩石打磨成洞穴、悬崖和岩礁。石头和沙子沿着海岸被波浪席卷到更隐蔽的地方，在这些地方，波浪作用相对较小，石头和沙子可以逐渐沉积下来，形成了砾滩、沙滩和泥滩。因此，在某些海岸被侵蚀的同时，其他海岸正在形成。

摧毁力

当波浪破碎时，海水产生了巨大的摧毁力。在有些海岸，这种摧毁力大部分被砾滩吸收了，但是由于岩石海岸上没有任何东西提供阻挡，所以碎浪的全部能量转化为巨大的动能，直接猛烈地击打着坚硬的岩石。奔腾的海水冲向悬崖上松散的岩石，使其变得脆弱。海水进入岩石中，不断给岩石缝隙施加压力，最终导致岩石崩裂。

哇哦！

大浪能以500千克/厘米²的力量击打岩石，就像是用汽车大小的锤子敲你的手指。

坍塌

波浪不停地击打海岸，逐渐侵蚀了海岸悬崖，大块的岩石也变得松散。最后，下方岩石脱落，久而久之，上方岩石因无法承受自身重量而坍塌，大块碎石坠落到潮汐海岸上。由于吸收了大部分波浪的冲击力，这些碎石最终也破碎了，因此悬崖也就要继续遭受波浪的侵袭。

▲ 落石
在巨浪的破坏下，这段雪白的悬崖坠落到海岸上。碎石堆会对悬崖形成保护作用，但是这种保护无法持续太久。

奔腾不息

一旦岩石落到海岸上，波浪就开始挟带着它们不停地翻滚。在此过程中，岩石的棱角被磨掉，形成了圆形卵石。体积较小的碎片被湍急的海水冲走，要么悬浮在水中，要么在海床上翻滚并相互碰撞。体积较大的卵石继续留在坠落的地方。

被遮蔽的海滩

有些海滩被突出的岬角遮蔽，那里的海域较平静，波浪也较小。波浪不仅没有破坏这些区域，还使挟带而来的沙子和松散的岩石在海岸不断堆积。这片相对平静的水域无法带来沉重的石头，因此沙滩上的细沙就成了这些海滩的重要标志。而在波浪较大的海域，波浪挟带来的较大的鹅卵石形成了海滩。

流沙

当海水挟带着岩屑沿海岸流动时，体积较小、较轻的微粒比体积较大、较重的微粒更容易被移动，也可以被挟带到更远的地方，这个地方离它们从悬崖上掉落到的海滩较远。流动的海水会根据岩屑的大小对其进行分类，最重的卵石最先在水中沉淀，接着是较小的鹅卵石，最后是沙子。

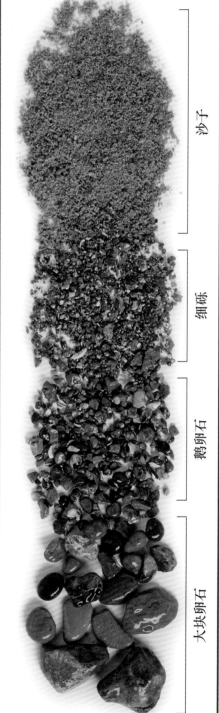

沙子

细砾

鹅卵石

大块卵石

悬崖和洞穴

海浪拍打着岩石海岸，毁坏并粉碎了岩石，将岩屑带到海中。这种永不停息的过程形成了一系列壮丽的自然景观，如陡峭的悬崖、黑暗的洞穴、孤岛、高耸的海拱石和海蚀柱。海浪的外力能够很快地使这些自然景观形成，但与此同时，也会毁坏一些其他的景观。

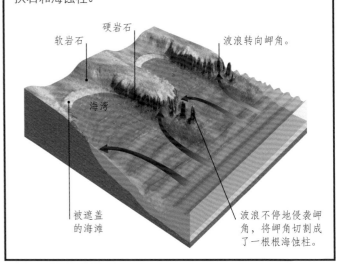

海湾和岬角

在由不同种类的岩石形成的海岸上，较软的岩石最先被侵蚀。在这一过程中形成了一条由海湾组成并被岬角分割开的海岸线。在这些岬角的掩护下，海湾逐渐形成了海滩，质地较软的岩石也受到了保护。同时，由于这些海岸的形状，波浪的能量全部聚集到岬角上，逐渐形成了洞穴、海拱石和海蚀柱。

软岩石　硬岩石　波浪转向岬角。

海湾

被遮盖的海滩

波浪不停地侵袭岬角，将岬角切割成了一根根海蚀柱。

悬崖

在岬角与海洋的交汇处，海平面上的岩石不停地被磨损。上面的岩石因失去支撑，无法承受自身重量而坍塌，形成悬崖。岩石类型不同，形成的悬崖形状也各异，但是最壮观的白垩崖通常是由这种较软的岩石——白垩组成的。位于英国南部的这些白垩崖也被称为七姐妹白垩崖。

海蚀洞

坚硬而结实的岩石不断受到波浪的侵蚀，在悬崖底部形成了一些海蚀洞。大多数海蚀洞不是很深，波浪涌入海蚀洞中，最终会使顶部坍塌。但是，在这一过程中也形成了一些明显的气孔，在空气的压力下碎浪从洞顶的气孔中喷出，形成了咸浪花喷泉。

海拱石

波浪通常会同时侵袭岬角的两侧。靠近海面的岩石被侵蚀后，形成两个海蚀洞，最终这两个洞穴穿透岬角形成一个海拱石。此外，硬岩层穿透上面较软的岩层也会形成海拱石。

▼ 弧形奇观
自然的海拱石非常罕见，因为岩石通常会崩裂，但是有些海拱石已经有数百年的历史了。

顽强的幸存者

在受到海浪侵袭的岩石海岸，最坚硬的岩石保存的时间最长。这些岩石通常会形成海岭，海岭又会变为岬角，不过有时极硬的岩石堆也会以岛屿的形式保存下来。这些岛屿通常由玄武岩构成，这些玄武岩是很久以前从地球深处喷涌而出的火山岩浆冷凝而成的。

海蚀柱

一般而言，海浪的侵袭会使岬角粉碎成砾石堆。但是，在某些地方，极硬的岩石会以海蚀柱的形式保存下来。这些海蚀柱与海滩隔开，四面都形成了陡峭的悬崖，成了海鸟的最佳筑巢区。

◀ 崩裂的海蚀柱
海面附近的岩石出现了裂缝，这表明这根海蚀柱即将崩裂。

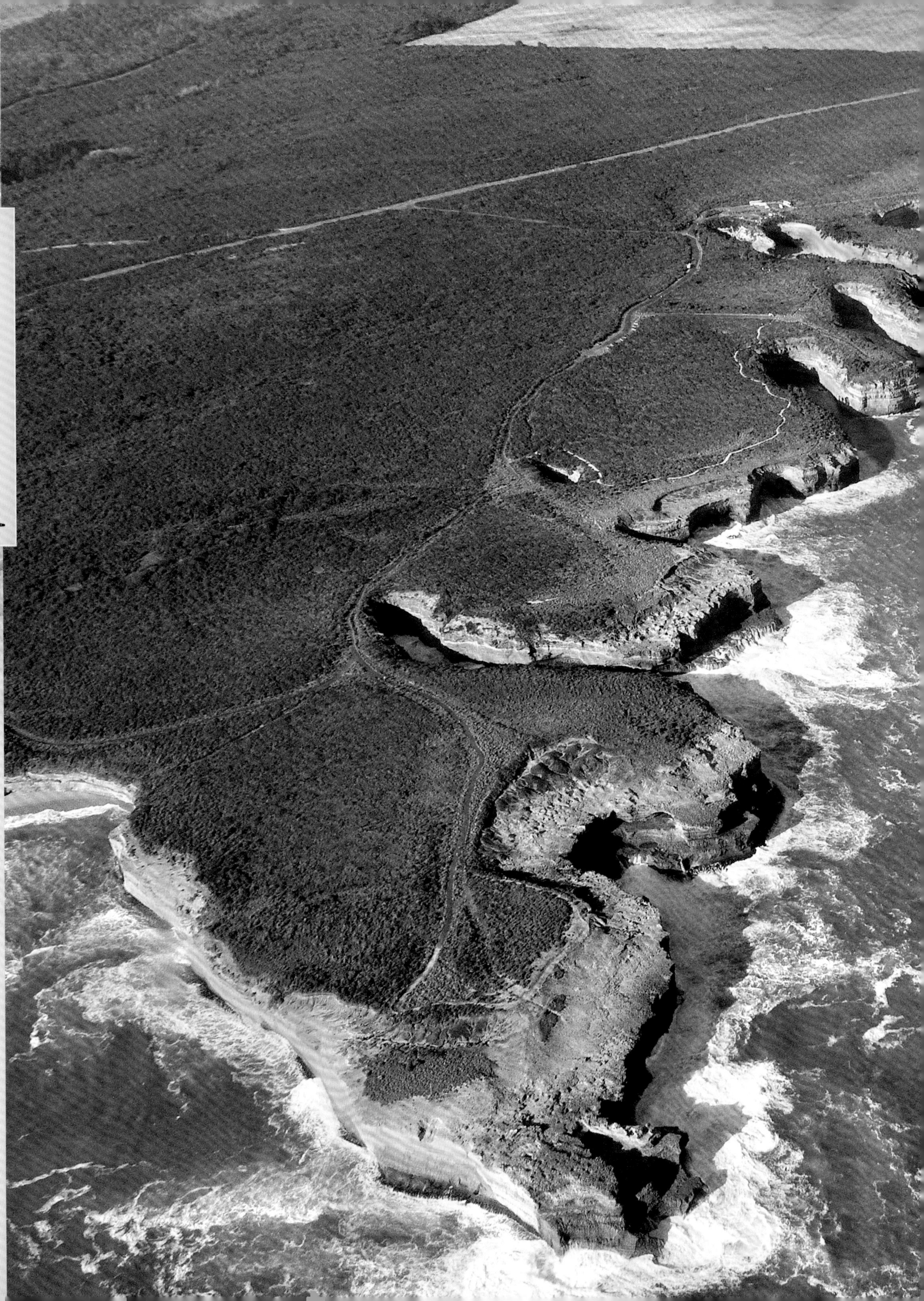

十二门徒石

波浪从汹涌的南大洋奔腾而来，不停地拍击着澳大利亚南边的这条海岸线，形成了海湾、岬角和海蚀柱等一系列复杂的地貌。图中的海蚀柱也被称为十二门徒石，现在只剩下8根，但是因为波浪还在不停地拍击岩石，所以未来会形成更多的海蚀柱。

岩石海岸生物

岩石海岸经常受到波浪的拍击。每到低潮时，海岸部分区域就会干涸，因此对于海洋生物而言，这里是一个危险地带。但是，这些海岸水域中充满了食物，如果动物们能够适应这种恶劣的栖居环境，它们通常就可以大量繁殖。因此，即使一个岩石海岸布满了密集的群落，这些群落中可能也只有少数几种海洋生物。

冲击区

海浪拍打着岩石海岸，席卷起松散的卵石，挟带着它们猛烈地撞击岩石，使所有阻挡它的动物都粉身碎骨。因此，大多数动物已经掌握了特殊的技能，能够在裂缝中寻找避难所，或是已经进化出了坚固的盔甲。这些帽贝长着厚厚的圆锥形外壳，这种形状非常完美，可以转移波浪的作用力，抵御冲击。

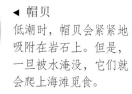

◀ 帽贝

低潮时，帽贝会紧紧地吸附在岩石上。但是，一旦被水淹没，它们就会爬上海滩觅食。

贝壳合起来

每隔几个小时，潮汐海岸上就会出现低潮，这里的海洋生物就会露出水面，这也是它们需要解决的难题。很多贝壳类动物将贝壳合起或紧紧地吸附着岩石，以防自己变干。一旦变干，它们就会死亡。通过这种方式，它们可以获得足够的水和氧气。

▶ 贻贝

贻贝有两片可以开合的贝壳，当被海水淹没时，它们就会张开贝壳捕食。但是，当低潮出现时，它们就会将贝壳紧紧关闭。

154

▼ 颜色标识

这块岩石上的颜色带表示不同种类的生命体，顶部是黄色的苔藓，中间是白色的藤壶，靠近低潮水位底部的是绿色的海葵。

生命带

岩石海岸上的很多生命体常年依附着岩石而生。在没水的条件下，有些动物比其他动物活得更久，因此它们可以生活在低潮水位以上的地方，并将这部分海岸占为己有。颜色各异的动物、海藻和其他生活在岩石上的生物将岩石海岸分割成了不同的区域。

▲ 进食时间

当潮水淹没鹅颈藤壶时，它们会张开壳板，伸出羽状触手来收集漂浮的食物微粒。

高潮

涨潮时，潮水会淹没岩石，海岸也会因此而改变。海藻在海水中翻腾，躲藏在海藻中的动物也会出来觅食。其他依附在岩石上的动物会张开外壳，伸出管状物或触手来收集食物，它们四周充满了被海水席卷而来的食物。鱼也会游到这里觅食，一旦潮水退去，海岸就会露出水面，变得干涸。

岩石收容所

岩石海岸也为滨鸟和螃蟹等游走动物提供了食物，它们随着潮涨潮落游走。海豹将岩石海岸当作避难所，用来躲避鲨鱼等海洋捕食者。海豹在寒冷水域中捕完猎之后也会回到这里取暖。

▲ 日光浴

在热带科隆群岛上，海鬣蜥与红色的莎莉飞毛腿蟹躺在温暖的海岸岩石上享受日光浴。

潮汐池

退潮时，很多岩石海岸动物会待在盛满海水的潮汐池中，在这里它们无须使用在开阔海域中的捕食方法就可以生存下来。有些岩石海岸动物一直生活在这些潮汐池里，如某些海葵。当高潮来临时，螃蟹和小鱼等动物会在被海水淹没的海滩上四处觅食；等到潮水退去后，它们又会回到潮汐池中。不过，少数生活在开阔海域中的动物偶尔也会搁浅在这里。

哇哦！

有些小鱼生命中大部分时间都待在潮汐池中，它们像保卫自己家园一样保护这个地方，甚至会在这里繁衍下一代。

避难所

有些海岸上的岩石没有缝隙，无法将水排出，于是岩石洼地和裂缝形成了潮汐池。这些潮汐池就像天然的水族馆，每当潮水上涨淹没潮汐池时，池中的水位就会发生变化。动物和海藻在这些潮汐池中生活就如同在远海中生活一样。不过，很多动物很难被发现，因为它们非常善于伪装。

▲ 沟迎风海葵
不同于其他生活在海岸更高处的海葵，低潮时，沟迎风海葵无法缩回它们长长的触手，将自己关闭起来，只能依附着岩石生存。

潮汐池居民

很多生活在潮汐池中的动物一生都依附在岩石上的某个地方。它们一直生活在水下，要么被池水淹没，要么被潮水淹没，因此它们不需要掌握任何在无水环境中的生存方法。例如海鞘和沟迎风海葵，如果暴露在空气中，它们不到几分钟就会干涸而死。

▼ 岩石收容所
图中的潮汐池位于夏威夷群岛的瓦胡岛上，池水如水晶般晶莹剔透，海藻常年生长，为小动物们提供了栖身之所。

▲ 岩石锦鳚
岩石锦鳚是一种分布在北大西洋海岸的鱼。低潮时，它们能够在潮湿的海藻中存活，但是它们更喜欢深一些的潮汐池。

返回根据地

涨潮时，有些生活在潮汐池里的动物会四处游动，离开潮汐池，如小鱼、虾和螃蟹。它们会在岩石周围觅食。当潮水开始退去时，大部分动物又会回到潮汐池中，防止搁浅。但是，即便潮水完全退去，有的动物仍然可以找到回家的路，如食草蟹。

高和低

潮汐池中是否有丰富多样的动物，取决于潮汐池的大小和它在海岸上位置的高低。小的潮汐池可能会升温，或者结冰，对海洋动物而言，这一地带非常危险。位于上游海岸的小潮汐池只要裸露几天，甚至是几个小时，就会干涸或被雨水填满。位于中下游海岸的大潮汐池更像开阔海域，能够容纳更多生物。

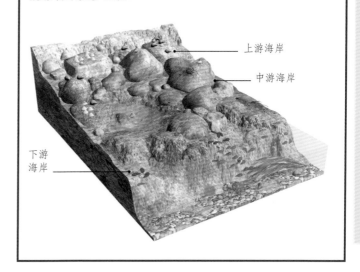

上游海岸

中游海岸

下游
海岸

搁浅

有时候，动物会不小心误入潮汐池中。高潮时，它们在海岸附近的开阔海域捕食；一旦潮位下降，它们就会被困在这里。有些潮汐池的访客个头较大，如章鱼和龙虾，需要等到下次高潮来临时才能脱身。

▲ 普通章鱼
普通章鱼分布在全球所有的海域，它们在浅海海岸海域捕食，因此可能会在潮汐池中搁浅。不可思议的是，为了隐藏自己，普通章鱼会立刻改变自己的颜色或图案，与周围的环境融为一体。

▲ 科帕卡巴纳海滩

科帕卡巴纳海滩是世界闻名的新月形海滩，位于巴西里约热内卢的海滨区。

海滩、沙丘和沙嘴

岩石被波浪从裸露的岩石海岸上撕裂、击碎并沿着海岸挟带到更加宁静的海岸。这些岩石究竟是落在卵石海滩上还是落在沙质海滩上，取决于两种海滩的隐蔽程度。由于波浪的作用，海岸的形状时刻都在发生变化，形成风格各异的海滩。同时，风会吹起海滩上的沙子，沙子在涨潮线上方堆积，形成高高的海岸沙丘。

新月形海滩

软岩石带两侧有硬质岩石岬角，在海浪的作用下形成了一个宽阔的海湾，海湾上的沙滩呈连续的曲线形。这些美丽的新月形海滩是游泳和冲浪等休闲活动的理想场所，通常可以吸引很多游客。也正因如此，很多新月形海滩已经成为著名的海滩度假胜地。

沿岸泥沙流

海浪破碎时会与海岸成一定的角度，这个角度与海浪沿着海岸拍击鹅卵石和沙子的角度相同。这一现象也被称为沿岸泥沙流，它将海滩上的物质带走，卷到海洋中。有时候，海滩上会放置一些障碍物，使沿岸泥沙流减速。鹅卵石和沙子会堆积起来，形成下图中可以用来抵御沿岸泥沙流的曲折图案。

袋状滩

小的沙质海滩四周通常被突出的岬角包围。岬角之间狭窄的软岩石带被波浪侵蚀，形成了这种地貌。一般来说，随着时间的流逝，沙子会不断堆积，但是由于岬角的阻隔，波浪无法像在更开阔的海滩上那样挟带沙子沿海岸运动。

▲ 弗雷泽岛
这些海岸沙丘位于东澳大利亚的弗雷泽岛上，是世界上最长的相互连接的海岸沙丘的一部分。

海岸沙丘

有些沙滩不是坐落在悬崖脚下，而是以沙丘为后盾。风将内陆干燥的沙子吹向海滩，沙子在海滩上逐渐堆积，形成了海岸沙丘。沙子从一边吹起，在另一边落下，因此这些沙垄沿着顺风的方向移动。有些植物可以生长在含盐的沙子中，一旦它们在这些沙丘上扎根，沙丘就会固定下来。

沙嘴

有些长长的海滩会在近海的地方形成沙嘴。沙子和鹅卵石被沿岸泥沙流挟带着沿海滩移动，逐渐堆积成沙嘴的顶端。图中所示的是位于美国华盛顿州太平洋沿岸的邓杰内斯角，它以每年4.5米的速度不停地增长。

长长的海滩

沿岸泥沙流会形成一些长长的海滩，这些海滩沿着海岸延伸到极远的地方。通常，在沿岸泥沙流的作用下，海岸区域会形成一边靠海、一边被潟湖遮蔽的浅滩。在暴风雨来临时，这些长长的海滩可以吸收碎浪的冲击力，防止真正的海滩被侵蚀。

▶ 90千米长的海滩
这片壮观的海滩位于新西兰北部海岸，全长90千米。

海滩和陆地之间形成了掩蔽的潟湖。

哇哦！

最长的自然海滩位于孟加拉国南部海岸，也就是我们所熟知的科克斯巴扎尔海滩，全长120千米。

海底宝藏

退潮时，海滩看上去空荡荡的，毫无生气，只有一些海鸟在沙子上走来走去。但是，水下却充满了勃勃生机。很多海滩动物都是穴居动物或甲壳动物，它们在沙子中寻找可食性微粒。其他动物会在涨潮时从沙子中出来，在水中捕食浮游生物，不过它们也面临着被掠食性鱼类袭击的风险。

▲ 心形海胆

一旦被掩埋，心形海胆就会用它那长长的管足在沙层上挖开一条通道，用来呼吸和进食。

身披棘刺的穴居动物

有些动物一生都躲藏在海滩泥沙中，心形海胆就是其中的一种，也被称为"海洋土豆"。它们是普通海胆的近亲，身体上长满了短小的活动棘刺，可以用来挖穴。此外，它们还有长而灵活的管足，与海星的很像。心形海胆生活在潮湿沙层的洞穴中，以吃死亡海洋动物的细小碎尸为生。

饥饿的蠕虫

退潮时，很多沙滩上布满了盘绕在一起的管状穴居海蚯蚓。这些海洋蠕虫栖居在U形洞穴里，可以从一端汲水。它们会吞食沙子，消化沙子中所有可食物质，然后将残余物质排放到沙滩表面。每次潮水将这些海蚯蚓淹没时，它们就会被冲走，因此每只海蚯蚓的进食时间只有短短几个小时。

哇哦！

1平方米的潮汐沙滩上就埋藏有2万多只琴蛰虫。

触手

贝壳碎片

张开的扇子

很多生活在沙子中的蠕虫必须等到涨潮时海水将沙滩淹没，才能钻出洞穴，打开它们扇形的触手捕食。有几种管状蠕虫身上有黏液，会粘住海滩上的泥沙，形成管状物，来保护它们柔软的身体。这些管状物可以伸出沙层表面，帮助这些蠕虫从清澈的海水中收集食物。

◀ 琴蛰虫
这种蠕虫会利用贝壳碎片和沙子来形成管状物。即便是它的触手，上面也有很多管状物。琴蛰虫可以长到30厘米长。

▲ 蛏子
蛏子有很大的外壳，有时候它们会从沙子中钻出来。一旦遇到危险，它们就会躲起来。

神秘的贝壳

涨潮时，穴居蛤蚌和其他软体动物会出来觅食。它们通常将身体埋藏起来，伸出丰满而灵活的水孔来觅食。大多数蛤蚌都可以吸取含有食物的海水，从中过滤食物，而樱蛤等蛤蚌则会从淹没的海滩表面收集食物。当潮水再次退去时，蛤蚌会撤回沙子中，这样海鸟和其他敌人就找不到它们了。

▲ 小鲈鱼
这条小鲈鱼半掩在浅滩的沙子里，身上的毒刺可以保护它不受敌人的侵袭。

涨潮猎人

涨潮时，穴居动物会在被海水淹没的海滩上觅食，同时那些从海洋游过来的鱼类又会以它们为猎物。这些涨潮猎人中有很多都是海底捕食专家，如有毒的鲈鱼、比目鱼和蝠鲼。

161

滨鸟

大群大群的海洋动物一生都埋藏在沙质潮汐海滩中，给那些在退潮时前往沙滩捕食的滨鸟提供了丰盛的大餐。很多滨鸟的喙非常长，可以探测到泥沙深处的食物。它们的腿也很长，是在浅海海域涉水的理想工具。少数滨鸟还掌握了具有高度适应性的特殊捕食技巧。其他滨鸟要么专门捕食生活在岩石海岸上的贝壳类动物，要么专门捕捉昆虫。还有些小动物以被海浪带到沙滩上的食物残屑为食，它们也是滨鸟的捕食对象。

蟹鸻
撬壳高手

体长 40厘米
分布 印度洋
栖息地 沙滩和沙丘

正如其名，这种黑白相间的滨鸟擅长捕捉螃蟹。它们的喙极其锋利，可以用来撬开硬壳，即便是幼鸟，它们仍然可以捕食螃蟹。它们全年生活在热带海岸，在海滩上密集、嘈杂的滨鸟聚居地中繁殖。不过，不同于一般海鸟，蟹鸻会在高潮水位上方的沙子里凿洞筑巢。

翻石鹬
海滩上的流浪者

体长 23厘米
分布 全球
栖息地 多栖息在岩石海岸

这些小滨鸟会成群地在海滩上走来走去，用它们短小而有力的喙将鹅卵石和海贝拨弄到一旁，捕捉可以找到的任何小动物。通常，它们会检查被海水冲到高潮水位处的海藻堆，在那里寻找死鱼和死螃蟹，还会捕食藻蝇和沙蚤。

▼ 迷彩色

翻石鹬栖息在石头上时很容易被发现。但是，如果在满是海藻的海滩上，它们的颜色与海藻的颜色混杂在一起，它们就很难被发现。

▼ 漂亮的羽毛

粉红琵鹭曾一度成为濒危动物，它们粉白相间的羽毛极其漂亮，因而被大肆捕猎。

白腰杓鹬
灵敏的探测器

体长 60厘米
分布 欧洲、亚洲和非洲
栖息地 柔软的海滩

白腰杓鹬的喙极其修长，是一种完美的工具，可以用来探测那些藏在湿软泥沙中的小动物，如蠕虫和蛤蚌。它所能探测的深度令其他滨鸟都望尘莫及。它的喙尖端的触觉非常灵敏，可以探测到看不见的猎物。白腰杓鹬一般借助于它们长长的腿在浅海海域涉水，但是它们也会在裸露的海滩上捕捉小螃蟹和类似的动物。

流苏鹬
绚烂的表演

体长 30厘米
分布 欧洲、亚洲、非洲和澳大利亚
栖息地 淤泥河口

与很多滨鸟一样，流苏鹬会在沼泽或草地等内陆地区繁殖。不过，奇特的是，雄性竞争者们会卖弄自己艳丽的羽毛，竞相表演以吸引雌鸟的注意。当繁殖季节结束时，它们长长的羽毛会逐渐脱落，取而代之的是适合越冬的、朴实的棕灰色羽毛。流苏鹬主要在河口三角洲上的咸水小溪和较远的内陆地区捕食。

粉红琵鹭
专家

体长 81厘米
分布 北美洲、中美洲和南美洲
栖息地 海岸潟湖

有些鸟具有高度专业化的喙，通过某种特殊的方式进行捕食。例如琵鹭，它们的喙呈勺状，可以微微张开，在水面下左右移动。粉红琵鹭用这种方法来捕食虾类和其他小动物。琵鹭通常以小群体为单位进行捕食，排成一列在浅海海域涉水。

蛎鹬
击碎者和探测器

长度 46厘米
分布 欧洲、亚洲和非洲
栖息地 岩质海滩和沙质海滩

极少数滨鸟会用它们的喙撞击或撬开甲壳类水生动物，如贻贝和蛤蚌。蛎鹬鲜红的喙特别坚硬，可以钉入甲壳类水生动物的硬壳里，而且顶部呈刀状，可以刺穿被硬壳包裹着的肌肉。有些蛎鹬生活在岩质海滩上，它们拥有最坚硬的鸟喙。其他的则生活在较软的海滩上，拥有更细更尖的鸟喙，可以像白腰杓鹬一样探测藏在泥沙中的小动物。

黑翅长脚鹬
高个子

体长 40厘米
分布 世界各地，除寒冷地区外
栖息地 沿岸浅海海域

很多滨鸟双腿很长，可以在水中涉水捕食。黑翅长脚鹬双腿比其他滨鸟都长，可以在更深的水域捕食。不过，也正因如此，它们很难在陆地上捕食。

蛎鹬
北半球的冬季来临时，数百万只滨鸟会从北极向南迁徙，聚集在北欧海岸的泥滩或沙滩上。在这里，它们会与蛎鹬等滨鸟一起，在裸露的泥沙中觅食。涨潮时，它们会成群地紧紧挤在一起休息。

海鸟聚居地

海鸟不能在海上产卵。它们必须回到陆地上，将鸟巢建在坚实的地面上。它们会尽可能将巢建在靠近水的地方，依靠沿岸浅海海域提供的丰富食物来养育幼鸟。很多海鸟组成了大规模的海岸繁殖聚落，尤其是在与陆地隔绝的海蚀柱和孤岛上。

陡峭的悬崖

海鸟繁殖地吸引了狐狸和其他捕猎者，它们想吞食鸟卵和幼鸟。为了避免这种情况，海鸟会选择在狐狸无法轻易找到的地方筑巢。很多鸟巢都建在陡峭的悬崖上，两边都非常狭窄，仅容得下成年鸟在里面孵卵。当幼鸟长大后准备离开鸟巢时，这些鸟巢就会从悬崖边缘坠落，落入海里。

▲ 悬崖聚居地
数百只厚嘴海鸦在北极海岸的悬崖边缘筑巢，它们繁殖后就全都消失在海洋上了。

▲ 锥形卵
雌性海鸦仅在裸露的悬崖边缘产下一枚卵。与其他在悬崖上筑巢的海鸟一样，它们的卵呈锥形，只会旋转滚动，因此从悬崖边掉落下去的可能性较小。

避难所

小岛和海蚀柱是海鸟最安全的筑巢地。因为这些地方与陆地隔绝，地面上的捕食者无法靠近鸟巢，不过它们还是很容易受到贼鸥等猛禽的袭击。在很多地方，每一寸平地都被占据了。有些岛上密密麻麻地挤满了白色的鸟，远远看去，聚居地就像是被白雪覆盖着。

炫耀

一些海鸟在筑巢的地方上演求爱表演。其中，最引人注目的是雄性军舰鸟，它们有鲜艳的膨胀的红色喉囊。它们在热带珊瑚岛上表演，相互竞争，争夺从头顶飞过的雌性。

鸟粪岛

南美洲太平洋上的一些岛屿数百年来一直是海鸟的繁殖地。岩石上覆盖着极厚的海鸟排泄物，也就是鸟粪。有些鸟粪层有50多厘米厚。这些沉积物被采集来用作农业肥料，并被运往全球各地。

▼ 紧紧夹住

一只北极海鹦潜一次水就可以逮住很多条鱼。它用强有力的舌头夹住抓住的鱼，同时用色彩鲜艳的喙捕捉更多的鱼。

消失不见

有些海鸟会在岩石边缘或平坦的岛屿顶部筑巢，如海鸦和塘鹅，其他海鸟则在洞穴里筑巢。例如，北极海鹦往往会侵占兔子的巢穴，这样它们自己就不用挖洞筑巢了。北极海鹦幼鸟会藏在黑暗的洞穴里，这样就可以免遭海鸥和贼鸥等天敌的侵袭。成年北极海鹦在海面附近捕食，带着满嘴的鱼回来喂幼鸟。

海龟

大多数海洋动物都在海上繁殖，但是海龟必须在岸上筑巢。它们会选择温暖偏僻的沙滩，在这里雌海龟可以很容易离开海水，在沙滩上挖洞，将它们的卵埋进去。温暖的沙子可以孵化海龟卵，小海龟孵化出来之后就会返回大海，在那里捕食海洋生物，如小虾、水母、海藻和海草。当它们处于繁殖期时，海龟会不远千里横跨大洋回到它们出生的海滩上。

太平洋丽龟
丰产者

体长 可达70厘米
分布 主要分布在太平洋和印度洋
食物 鱼、水母、蛤蚌和虾

这种小海龟刚孵化时背甲是灰色的心形，长大后变成了橄榄绿。虽然它们更喜欢独居，但是有时候，数百只甚至数千只雌海龟会一起返回海滩，在沙中产卵。

棱皮龟
地球上最大的海龟

体长 可达3米
分布 所有温暖的海洋和温带海洋
食物 水母

巨型棱皮龟是最大的海龟，它们之所以得其名是因为它的脊状背甲覆盖着革质皮肤——不同于其他的海龟，它的背甲是由坚硬的角质构成的。棱皮龟的身体高度线性化，可以不费吹灰之力就在海中游很远的距离。它们专吃水母，喉咙上有一排向下的肉质尖刺，可以防止光滑的猎物逃跑。

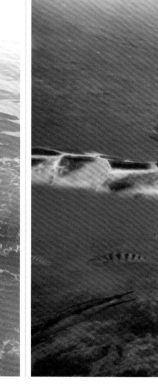

平脊龟
浅海居民

体长	可达1米
分布	热带澳大利亚水域
食物	水母、蛤蚌、虾和海草

虽然平脊龟仅生活在澳大利亚北部温暖的浅海海域和附近的岛屿上，但是它们似乎更喜欢泥泞的河口和远海中的珊瑚礁。它们的饮食具有多样性，只要是能抓住的猎物它们几乎都会吃。相应的，它们也是湾鳄捕食的对象。它们因背甲的形状而得名，背甲比其他海龟平坦，边缘向上翘。

玳瑁
带图案的背甲

体长	可达1.2米
分布	所有热带海洋
食物	海绵、水母、蛤蚌和对虾

玳瑁有尖锐的上颚，看起来就像老鹰的嘴。它们用上颚抓住各种海洋生物，从蟹类到水母，但是它们最喜欢的食物是长在热带珊瑚礁上的海绵。它们有一个醒目的带图案的背甲，背甲作为自然材料——龟甲，曾经非常值钱。

绿海龟
海底食草动物

体长	可达1.5米
分布	所有温暖的海洋
食物	海藻

与其他海龟不同，这种优雅的两栖动物是食草动物。它们几乎只吃海藻，这些海藻生长在沿岸浅海海域的海湾、河口和珊瑚礁潟湖中。不过，绿海龟幼龟会在远海上漂移，以小动物为食。这种海龟会千里迢迢迁移到热带沙滩，在那里筑巢。它们之所以被称为绿海龟，是因为皮肤下面有一层绿色的脂肪，而不是指它们的背甲是绿色的。与所有海龟一样，绿海龟用长而平坦的鳍状前肢游动，就像翅膀一样，以约3千米/时的速度在水中优雅地"飞翔"。

蠵龟
强有力的颌

体长	可达2.1米
分布	全球温暖的浅海
食物	贝壳类水生动物和其他海洋动物

蠵龟是杂食动物，也就是说只要是可以吃的东西，它们几乎都会吃。它们的颌强劲有力，可以粉碎东西。不过同所有的海龟一样，它们没有牙齿。通常，蠵龟会在沿岸浅海海域捕食，但是已有的发现表明它们也会横跨太平洋返回它们繁殖的海滩。

肯氏龟
濒危物种

体长	可达90厘米
分布	西北大西洋
食物	螃蟹、蛤蚌和水母

肯氏龟是最小的海龟，也是世界上最稀少的海龟。大多数雌性肯氏龟只会在墨西哥海滩上产卵，因而非常容易受到灾害的侵袭，只要有灾害，它们的卵就会全部被毁。肯氏龟非常奇特，因为它们几乎只吃螃蟹，它们强劲有力的颌可以将蟹壳敲碎。

螃蟹

尽管螃蟹是适应水下生活的海洋生物，但是由于它们拥有坚硬的防水甲壳和结实的腿，所以退潮时很多螃蟹会在裸露的海滩上觅食。随着时间的推移，它们的鳃不断进化，能够呼吸空气，这样它们生命中大部分时间就可以待在宽阔的海滩上、树上，甚至是遥远的内陆。

哇哦！

每只雌性圣诞岛红蟹可以产下10万枚卵，所以图中的这些雌性圣诞岛红蟹每年在海洋中约产下1.5万亿枚卵。

水肺

螃蟹像鱼一样，利用鳃从水中吸取氧气。不过，螃蟹体内有一个可以容纳足够含氧水的腔，鳃就位于此腔内。一旦腔内的氧供应耗尽，空气中更多的氧气会通过鳃渗透进来。因此，只要保持鳃湿润，即便离开了水，螃蟹仍然能活很久。

◀ 食草蟹
这种分布广泛的螃蟹既可以在水中觅食，也可以在海滩上觅食，以贻贝和其他动物为食。

逃跑的幽灵

热带沙蟹非常适应宽阔海滩上的生活，以至于如果在水中待得太久，就会溺亡。它们栖息在高潮水位上方的沙滩洞穴里，有时候会钻出洞穴寻找可食性残屑和猎物。它们的眼睛向上翻，视力非常敏锐。哪怕是最轻微的警报，它们都会以最快的速度逃回洞中。很多沙蟹也非常擅长伪装，当它们一动不动时，就像幽灵一样消失不见了。

陆地蟹

虽然食草蟹和沙蟹可以生活在海滩上，但它们也不能离海太远。有些螃蟹则几乎已经放弃了海洋生活，它们被称为陆地蟹。陆地蟹也有鳃，只不过它们的鳃腔上有一排血管，可以直接从空气中吸取氧气。这些螃蟹一年中大部分时间都在陆地上生活，但是它们必须回到水中产卵。

红潮

圣诞岛红蟹栖居在印度洋圣诞岛上的森林中。每年10月，3000万只圣诞岛红蟹会离开它们的洞穴，迁移到海岸进行繁殖，像红潮般挤满了整个岛屿。到达海滩后没几天，雌性圣诞岛红蟹就会将卵产在海洋中。在海洋中生活一个月后，幼蟹就会返回陆地。

椰子怪兽

热带椰子蟹是体型最庞大、最令人难忘的陆生螃蟹。这些巨蟹体重可达4千克，与家猫体重相当。虽然体重较大，但是椰子蟹会爬树，尤其是长在热带岛屿上的椰子树。它们经常吃椰子，因此被称为椰子蟹。不过，与其他陆地蟹一样，它们必须返回海洋中产卵。

▼ 宝贵的货物
雌蟹会将卵放在腹部孵化两周，之后就将它们释放到海洋中。

▲ 强有力的螯
椰子蟹主要以椰子为食，它们会用沉重的螯用力敲开椰子坚硬的外壳。但是，有些椰子蟹也会吃鸡和其他椰子蟹。

海岸和海滨

河口和泥滩

在河流入海的地方，通常会拓宽形成潮汐河口。在海水的作用下，河水中所挟带的淤泥微粒在底部沉积下来，形成了厚厚的淤泥层。潮水退去时，这些淤泥层在露出水面处形成了泥滩。淤泥中含有盐分，没有任何空气，但是尽管如此，它仍然富含食物，成了大量动物的家园。

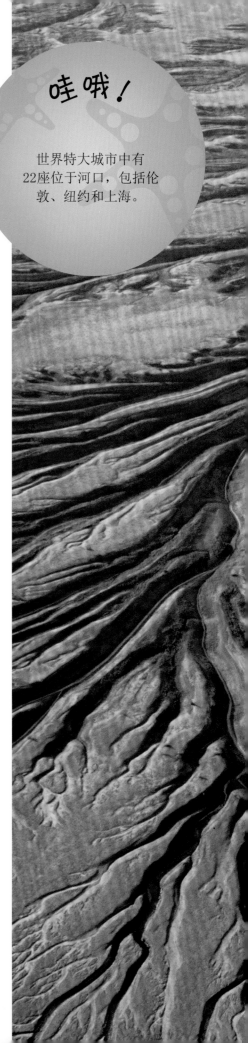

哇哦！

世界特大城市中有22座位于河口，包括伦敦、纽约和上海。

泥水河

河流挟带的淤泥微粒极其微小，不过海水中的盐化物可以使其凝结成更大更重的微粒，在河床上沉积下来。当潮水上涨时，流入的海水会阻碍河水流动，因此也有助于微粒沉积。

▲ 拉普拉塔河
从太空中看，这条南美洲河流中流动的泥水在入海口形成了宽阔的河流三角洲。

涌潮

不断上涨的潮水推动着三角洲中的水流向河流变窄处涌动，形成了漏斗效应，推动水位不断升高。在有些河流，这一过程形成了向上游涌动的波浪，也就是涌潮。有些涌潮水位非常高，可以用来冲浪。

波光闪闪的泥滩

潮水上涨时，淤泥沉积物会堆积在河床上；一旦潮水退去，这些沉积物就会露出水面形成泥滩。退潮时，河水的流速会加快，在闪闪发光的淤泥中间冲出了一条狭窄的河道。这条河道与泥滩上流出的很多更窄的河道交汇。

▶ 自然模式
细小的水沟中的水流在淤泥中冲出更大的水沟，这些水沟交汇后一起流入干流。

海岸和海滨

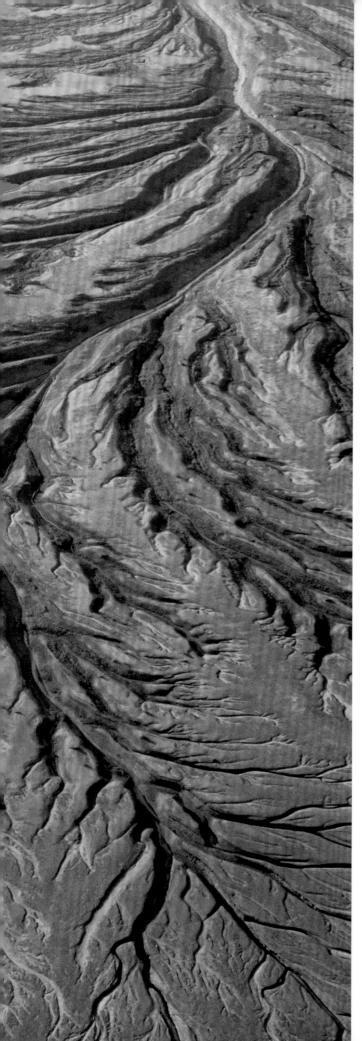

发臭的气体

潮汐淤泥中充满了依靠分解死亡动植物尸体为生的微生物。在没有空气的环境下，它们仍然可以存活，只不过会释放一种被称为硫化氢的气体，闻起来就像臭鸡蛋的味道。这些气体以泡泡的形式从淤泥中冒出，使泥滩散发出一股恶臭味。

淤泥清道夫

泥滩中的软体动物哺育了数百万只穴居蠕虫。与此同时，鸟蛤和蛤蚌等软体动物通过过滤水中的微生物来获得食物。其他动物，如这些小的螺类，会爬到淤泥表面，啃食被潮水冲来的海藻和动物尸体。

饥饿的访客

生活在泥滩中的大量小动物吸引了滨鸟和野禽，如野鸭和野鹅。退潮时，这些鸟类散落在淤泥上；涨潮时，它们又会退回海滩。淤泥中埋藏的食物也吸引了更大的动物。

▲ 灰熊
在美国的阿拉斯加，当潮位较低时，灰熊会在河口的淤泥上挖洞，寻找蛏子和其他甲壳类水生动物。

173

三角洲

在海岸以外的地方，任何被河水挟带的泥沙进入海洋后都会被海流和波浪卷走。但是，如果河流挟带的沉积物太重或海洋非常平静，那么在被卷走之前，这些沉积物会堆积下来。沉积物一层层地堆积，从海滩上不断向外扩展，形成了一个被称为三角洲的陆地延伸带。

这些河道中的一条从密西西比河三角洲溢出，流入大海。

打开的扇子

典型的河流三角洲是一大片由泥沙形成的平地。河流中的沉积物堆积后阻塞了原有的河道，使河流溢出后形成了很多较窄的河道。很快这些河道也被阻塞了，因此负载着淤泥的水流溢出后形成了更多的河道，在不断扩张的柔软沉积物上呈扇形向四周蔓延。

冲出堤坝的河水向四周蔓延，形成了一个鸟趾状图案。

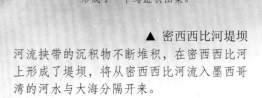

▲ 密西西比河堤坝
河流挟带的沉积物不断堆积，在密西西比河上形成了堤坝，将从密西西比河流入墨西哥湾的河水与大海分隔开来。

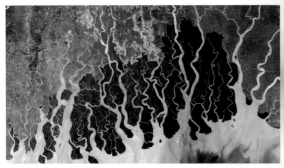

▲ 恒河三角洲
卫星图上显示的是位于印度和孟加拉国东部的恒河三角洲。每年，恒河都会挟带20亿吨淤泥。这些淤泥很多都到了海里，在孟加拉湾海域形成了海底扇。

鸟趾状三角洲

很多河流中的泥沙和其他沉积物会沿着河流边缘不断堆积，如美国南部的密西西比河。同时，它们在入海处形成了一些上升岸，这些上升岸也被称为天然堤。如果河流冲破其中一个堤坝，那么河水在这里就会向另一个方向流去。在这一过程中形成了鸟趾状三角洲。2005年，飓风"卡特里娜"引起了巨大的风暴潮，将密西西比河三角洲上的很多堤坝冲垮，淹没了新奥尔良附近的地区。

厚厚的沉积层

随着河流中泥沙层的不断堆积，三角洲高度不断上升，向外扩张。这些三角洲沿海底不断扩张，形成了海底扇。最后，在沉积物的重压下，地壳向下弯曲。与此同时，沉积物仍然在不断堆积，形成了厚厚的沉积层。孟加拉湾深海扇延伸到恒河三角洲以外的地方，厚度约为16千米。

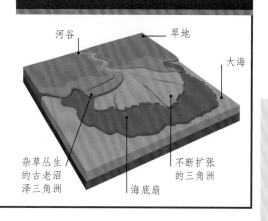

河谷　旱地　大海

杂草丛生的古老沼泽三角洲　海底扇　不断扩张的三角洲

▲ 尼罗河沿岸
埃及尼罗河三角洲上的富饶农田养育了古埃及人，他们将法老的坟墓都建在这里，如埃及法老图坦卡蒙的坟墓。

肥沃的土地

三角洲靠内陆的部分长满了生活在淡水中的沼泽植物。数百年来，这些植物不断地生长、衰亡，循环往复，形成了构成富饶农田的肥沃土壤。在这些三角洲上可以开展农耕，创造巨大的财富，为不少古代文明的形成提供了基础。现在，古老的三角洲沉积物也成了煤、石油和天然气的重要来源。

哇哦！

恒河三角洲是世界上最大的三角洲，面积达7万平方千米，比塔斯马尼亚岛的面积还大。

野生动植物避难所

通常而言，河流三角洲上的内陆沼泽、小溪和池塘中有各种各样丰富的湿地野生动植物，包括鱼类、乌龟和鳄鱼，以及苍鹭、鱼鹰等鸟类。例如，位于欧洲东部的多瑙河三角洲盛产淡水鱼。这些鱼养育了大群大群的白鹈鹕，因此这片三角洲现在拥有全世界70%左右的白鹈鹕种群。

盐沼

潮汐海滩上的河口和三角洲含盐过多，不适合大多数植物生长。但是，少数特化植物能够应对盐，即使涨潮时盐水将其淹没，它们也能存活。在世界上一些凉爽的地方，这些特化物种主要包括构成盐沼的草类和其他矮生植物。沼泽中零星分布着一些池塘和泥溪，给很多种海岸野生动植物提供了庇护所。

▲ 海蓬子
这种植物长得很像细小的无刺仙人掌，它生长在盐沼中最潮湿的地方，高潮时会被海水淹没。

先锋植物

最早扎根在潮汐泥滩上的植物是大米草和海蓬子等无叶、根茎多汁的植物。虽然这些植物每天被咸潮淹没两次，但是它们还是存活了下来，形成一种能够应对盐的特殊适应力。它们的根部可以使淤泥结块。此外，它们还能固定水中的微粒，使泥滩的高度逐渐上升。

沼泽地带

随着时间的推移，在先锋植物的作用下，泥浆不断上升，较低的沼泽变得越来越干，含盐量也越来越低。不同的植物，如勿忘我，扎根于较高的沼泽地带，不仅可以固定沉积物，还能使沼泽地的高地升得更高。在沼泽的顶部，淡水植物取代了盐沼植物。

▶ 被淹没的沼泽
像图中的这种大潮出现时，整个沼泽都会被盐水淹没。但是，当小潮出现时，只有最低的地方才会被淹没。

宁静的潟湖

盐沼植物通常会生长在宁静的河口和潟湖中，沙丘和岛屿将这些地带与大海隔绝开。在这些自然屏障的保护下，植物不会被波浪连根拔起。细泥会在宁静的水中沉淀，不断堆积，因此这些水域可以养活更多的植物。最终，除了裸露泥滩交界处的一条中心河道，盐沼可能覆盖了整个区域。

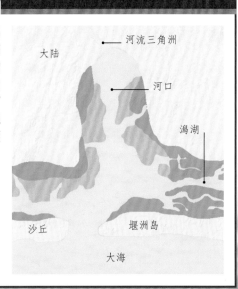

大陆　　　河流三角洲

河口

潟湖

沙丘　　　堰洲岛

大海

图例

■ 盐沼

□ 泥滩

蜿蜒的小溪

一个典型的盐沼是由一些蜿蜒的小溪、泥池和密集的特化盐沼植物混杂而成的。涨潮时，这些泥池和小溪中填满了盐水；退潮时，这些地方又会干涸，只留下闪闪发光的湿泥。

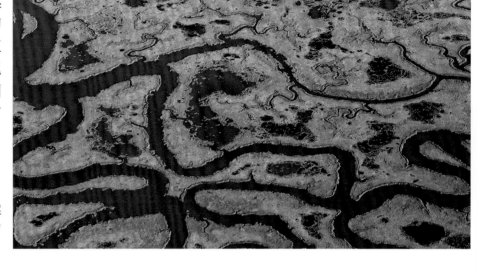

▶ 天然图案

从高空俯视，小溪和泥池形成一个复杂的网络，不断地为盐沼输入和输出水。

含盐的天堂

偏僻的盐沼是动物们的理想栖息地。这些动物包括昆虫和螺类，它们通常会被青蛙和小型哺乳动物吃掉。而青蛙和小型哺乳动物又会沦为蛇和狐狸的猎物。涨潮时，鱼和其他海洋动物会在此逗留；退潮时，成群的滨鸟也会被泥池和小溪吸引。

◀ 令人眼花缭乱的鸟群

在一些更温暖的盐沼，如法国南部的卡玛格湿地，这里的水域养活了大群大群的火烈鸟。这些鸟在浅海海域涉水觅食。

哇哦！

在北美洲所有被捕食的鱼类中，高达75%的鱼类靠在盐沼里捕食养育它们的后代。

红树林沼泽

在温暖的热带海洋边缘，耐盐树种形成的沼泽森林（也就是人们所说的红树林）代替了盐沼。在60%以上的热带海岸地区，这些潮汐森林沿着海岸线不断延伸，可以防止剧烈的热带风暴侵蚀或淹没海岸地区。同时，它们也为种类繁多的野生动植物提供了食物和庇护所。

海岸和海滨

呼吸根

潮汐淤泥一方面富含植物营养成分，另一方面又富含盐分、不含空气。大部分植物必须通过根部呼吸氧气，因此无法在潮汐淤泥中生长。红树林之所以能在此存活，完全得益于它们裸露的根部可以通过呼吸孔直接吸取空气。一些红树林的根部就像一颗颗长钉，从淤泥中突起。其他红树林的根部暴露在空气中，新芽从高高的树干上长出来，在空气中形成拱形，插入浑浊的淤泥中。

▼ 被淹没的森林

涨潮时，大部分红树林都会被海水淹没。小鱼从海洋游到这里，在这些根部相互盘绕的树丛中觅食。同时，这些红树林也保护它们，使它们避免被更大的捕食者吃掉。

▼ 芽状长矛

红树林的种子无法在缺乏空气的潮汐淤泥中发芽，因此会一直依附着母体，直到长成细小的树苗，它们才会脱落。因此，在涨潮时，它们通常会随海水漂到其他海滩上。每棵幼苗的根部又长又尖，可以插入淤泥中，长成一棵新树。

敏锐的狩猎者

很多鱼很特别，如生活在东南亚的射水鱼，可以在红树林中生活。它在被海水淹没的森林中游动时，会寻找悬挂在相互盘绕的植物表面的昆虫。一旦发现猎物，它就会将猎物击落到水中，猛地咬住猎物。

▶ 射水鱼
射水鱼的舌头正好抵住口腔顶部的凹槽，形成了一个水管。当它挤压面部时，它可以将水从水管中挤出，击中2米以外的目标。

在淤泥上

退潮时，红树林变成了蚊子滋生的沼泽，沼泽中相互缠绕的树根从恶臭的含盐淤泥中冒出了新芽。招潮蟹成群结队地在淤泥上爬来爬去，用它们的螯将淤泥堆积在一起，将淤泥中的可食性微粒剥离出来。这里的淤泥中还生活着一种可以呼吸空气的鱼——弹涂鱼。它们利用像拐杖一样的胸鳍四处爬行或跳动，有些甚至可以爬进树丛中。

▶ 招潮蟹
雄性招潮蟹有一只小小的捕食螯，还有一只较大的色彩鲜艳的螯，可以用来在其他雄性招潮蟹面前护卫自己的领地。

▶ 弹涂鱼
每条弹涂鱼都会栖居在泥浆中的洞穴里。它们会保卫自己的洞穴，防止被其他弹涂鱼侵占。特别是在繁殖季节，洞穴也是它们的"托儿所"。

强大的捕食者

退潮时，在淤泥中觅食的招潮蟹和弹涂鱼成了浣熊、猴子和有毒的红树林蛇等各种陆地动物的猎物。这些捕食者中有一些也沦为了湾鳄和老虎等强大捕食者的猎物。孙德尔本斯红树林位于印度和孟加拉国交界的恒河河口，是孟加拉虎最后的栖息地之一，现在已经成为一个野生动植物保护区。

海岸和海滨

美洲红鹮
一群美洲红鹮栖居在红树林中，等待着潮水退去后泥滩露出水面，这些红树林位于加勒比海的潮汐海滩上。这些鸟以捕食小虾和贝壳类水生动物为生，由于猎物含有红色物质，所以美洲红鹮的羽毛变成了猩红色。

海草床

所有生活在海洋中的形似植物的生物差不多都是各种不同种类的藻类，如海藻，它们实际上并不是真正的植物。那些生长在沙滩或泥滩上的海草是唯一已经适应了在海水中生活的真正植物。海草床不仅为小鱼提供了隐蔽的栖身之处，也为海牛和绿海龟提供了重要的食物来源。

水下草甸

不同于海藻，海草是真正的植物。它不仅拥有特殊的根茎，还能够在海底开花。它们的叶子非常长，可以吸收阳光并将光能转化为食物，所以它们只能生长在较浅的相对清澈的海域，在那里形成了宽阔的水下草甸。

喙状嘴食草动物

在热带珊瑚海海域，海草长在隐蔽的珊瑚礁潟湖中的沙子上。它们会被绿海龟——唯一一种食草的海龟吃掉。对这种动物而言，海草非常重要，因此有些品种甚至被称为海龟草。与其他海龟一样，绿海龟没有牙齿，只能用锋利的喙状嘴啃食柔软的海草。

海龟会分泌含盐的泪水，通过这种方式排出体内多余的盐分

巨型海螺

女皇凤凰螺是生活在海草床上令人印象最深刻的动物之一，这种巨型海螺的贝壳长度可达35厘米。它们在加勒比海和墨西哥湾温暖的沿岸浅海海域安家，用它们的齿状舌啃食海草和各种海藻。

▲ 女皇凤凰螺

女皇凤凰螺的外壳又大又笨重，泛着漂亮的珊瑚粉色光泽。它的寿命可达40余年，不过很多女皇凤凰螺会被人类吃掉或因其漂亮的贝壳而被捕杀。同时，它们也是很多动物的猎物。

海牛

海牛最喜欢吃的食物是海草。它们是一种与大象有近亲关系的海洋哺乳动物。海牛不仅生活在大西洋较浅的温暖海域，也生活在附近的河流中，在那些地方吞食各种水生植物。儒艮外形与海牛极其相似，它们生活在热带印度洋和太平洋的沿岸海域。

哇哦！

为了生存，海马必须不停地吃东西。它们没有胃，食物很快就通过了它们的消化系统。

▲ 儒艮

儒艮是一种温顺的动物，几乎没有什么自然天敌。它们昼夜不停地觅食，用既强劲有力又有弹性的上唇挖出海草，然后将海草整个吞掉。

◀ 绿海龟

这些绿海龟遍布全球所有温暖海洋，在海草床上觅食。它们游泳技术高超，每年会游数百千米，往返于觅食地与栖息地之间。

攀附

浅海海草床为各种各样的小动物提供了完美的栖身之所。例如海马，它们的尾巴缠绕着海草茎，这样就可以不被海流冲走。海马同很多宽阔水域中较大鱼类的幼鱼栖居在一起。这些小海马藏在海草丛中，以免被更大的捕食者吃掉，这些大的捕食者还包括它们自己的父母。

▶ 海马

在捕食的时候，海马会静静地等待，用长长的吻部捕捉漂过来的食物。海马的视力极好，身体还能改变颜色与周围的环境融为一体。

海蛇和鳄

在恐龙统治地球的时代，很多强大的海洋捕食者都是爬行动物。这些爬行动物大部分在很早以前就灭亡了，现在仍然存活下来的海洋爬行动物只有海龟、热带海蛇以及少数蜥蜴和鳄。在这些动物中，有很多不完全是海洋动物，因为它们必须回到陆地上繁殖，但是也有些动物一生都待在海洋中。

海洋金环蛇

海洋金环蛇身上有黑色条纹，人们可以立刻将它辨认出来。太平洋和印度洋珊瑚海里生活着一些蛇类，海洋金环蛇就是其中的一种。它们以捕食鱼类为生，可以用它们的蛇毒将鱼类杀死。但是，与其他海蛇不同，它们必须回到陆地上产卵。

湾鳄是世界上最大的爬行动物

致命毒液

除了海洋金环蛇，所有海蛇都是真正的海栖爬行动物，它们永远都不会回到陆地上，甚至会在海中诞下幼蛇。它们的蛇毒威力无穷，比眼镜蛇的蛇毒还有杀伤力。这主要是因为它们需要依靠蛇毒来捕鱼，如果不能立刻将鱼杀死，猎物很容易就溜走了。

▲ 长吻海蛇
长吻海蛇通常出现在印度洋和太平洋中。它们白天出来捕食，以食小鱼为生。

在海中生活的蜥蜴

有些热带巨蜥也许可以从一个海岸游到另一个海岸。但是，科隆群岛上的海鬣蜥与众不同，它们是唯一一种能够适应海洋生活的蜥蜴。它们以从海底岩石上收集的海藻为食。寒冷的秘鲁寒流流经科隆群岛附近的海域，使海水冷却，因此当海鬣蜥浮出水面时，它们通常会晒日光浴，让身体暖和起来。

▶ 海鬣蜥
海鬣蜥长相凶猛，皮肤通常非常黑。不过，在繁殖季节，雄性海鬣蜥的皮肤颜色会变得很鲜艳。

长长的爪子可以攀附在岩石上。

慈爱的母亲

美洲鳄广泛分布于从太平洋海岸到加勒比海东部的整个中美洲，它们有一种特殊的适应性，可以在咸水中生存。与所有的鳄一样，美洲鳄也在陆地上产卵。它们将卵埋在河岸上的沙堆里，热带气候会使这些卵保持温暖，这样它们就可以不断地成长、孵化。

▶ 美洲鳄
美洲鳄会一连数小时静静地等待时机伏击猎物。它们主要以鱼类为食，但是也可以用强有力的颌咬碎海龟的壳。

致命的捕食者

湾鳄极其可怕，它们在河流中和海岸附近捕食。它们通常捕食在浅海海域涉水的陆地哺乳动物，将这些动物拖到水中溺死。除东南亚和澳大利亚外，湾鳄也聚居在南太平洋的一些小岛上，有些甚至分布在日本附近的海域。

◀ 湾鳄

雄性湾鳄至少可以长到7米。在一生中，它们长长的尖牙会不停地更换。

哇哦！

一只湾鳄可以吃掉一只与水牛大小相当的动物，不过此后至少半年的时间它都不需要吃东西了。

极地海域

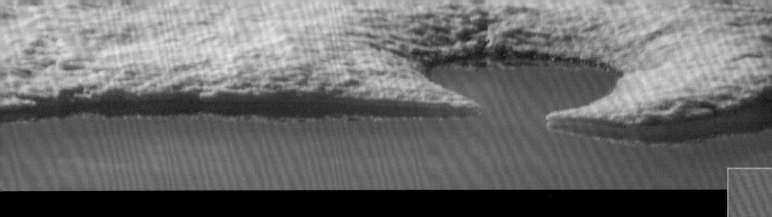

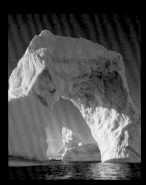

尽管南极和北极附近的一些海域会被厚厚的冰层覆盖半年，但是这里也是拥有地球上最丰富的野生动物资源的栖息地之一。

两极极点

在北极和南极，冬天大部分时间太阳都在地平线以下。因为空气温度比冰点低很多，两极海洋封冻，所以很多海洋生命要么离开这里，要么冬眠。但是，短短几个月的夏天几乎都是白昼，海上的浮冰融化，浮游生物激增，极地动物也会赶在海域再次封冻之前大量繁殖。

▲ 罗斯海冰
夏季，南极的光照相对微弱，南极洲附近罗斯海上的冰块断裂，浮冰之间露出了漆黑的海水。

封冻之海

虽然北冰洋位于北极中心，但是南大洋大部分地区离南极还有一段距离。也就是说，北冰洋的中心地区比南大洋更冷。因此，北极海域常年处于封冻状态。但是，南极大堆的岩石被冰覆盖着，温度如此之低，从这里流出的空气都被冷却了，所以南大洋周围的海域在整个冬天也一直处于封冻状态。

极地阳光

冬天，极地的日照时间短，以至于几乎没有阳光来温暖海洋表面。相比之下，夏天，极地上空的太阳一直都不落下，但是在这个地区，地球表面并未正对着太阳，所以太阳一直悬挂在天空中较低的位置。同时，阳光在两极地区比在赤道分散得多，其能量被削弱，因此海面上有些海冰在夏天仍然无法融化。

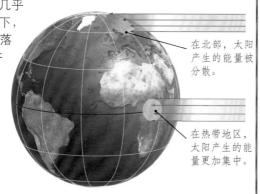

在北部，太阳产生的能量被分散。

在热带地区，太阳产生的能量更加集中。

冰天雪地

当北冰洋的气温下降到-30℃时，整个海域都封冻了。冰层覆盖面积达1500万平方千米。到了夏天，这些冰层大部分会融化，只剩下北极附近面积不到600万平方千米的区域。南极洲附近，冬季的海冰面积达2200万平方千米，夏天减少到400万平方千米。

◀ **冰海**

春天，在阳光的照射下，加拿大靠近北极地区的巴芬岛附近海域温度不断上升，在漩涡流的作用下，海冰开始断裂，沿海岸漂浮。到了盛夏（如图），海上所有的海冰都完全融化了。

浮游生物大量繁殖

在寒冷的海洋中，海水富含从附近海床上激起的矿物质。这些矿物质是微型藻类等浮游植物生长所需的营养物质。夏天，当冰层融化时，光照使浮游植物的数量极速增长，如上图所示北冰洋的蓝色部分。与此同时，这些浮游植物又给其他海洋生物提供了食物来源。

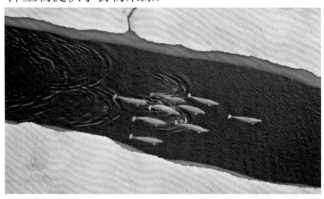

此消彼长

随着季节的变化，极地海域开始结冰，随后海冰又会融化，边缘地区不停向南方或北方移动。移动的冰崖是一个富含食物的区域，吸引了很多极地动物。例如这些白鲸，它们从浮冰之间的空隙中游过，前往附近宽阔的水域。

189

海冰

在两极地区，广袤的海洋上覆盖了厚厚的浮冰，尤其是在冬天。刺骨的寒风使海面封冻，冷凝的冰晶融合形成了坚硬的冰盖，这些冰盖可达数米厚。海冰可能会与海岸相连，上面还覆盖着积雪，因此看上去就像是陆地的延伸。但是，大部分浮冰并没有依附于陆地，它们会随着海流漂浮，形成浮冰群。

为什么冰块可以漂浮？

当水结冰时，水分子就会相互依附，形成三维结构。在此过程中，分子会远离，一升冰所含有的分子数比一升水要少，因此重量会轻一些。这也就是为什么冰块能够漂浮的原因。没有哪种物质会这样，这是水所具有的特性。

◀ 企鹅栖息地
如果冰与其他液体形成的固体一样，它可能会下沉到海床上，那么这些企鹅就无处栖身了。

正在封冻的海域

海冰不会一下子形成坚实的冰盖。如果气温一直下降，海水要经过几个阶段后才会凝固成冰。最初，水形成了大量冰晶，这些冰晶被称为冰片或油脂状冰，之后会凝固成类似圆环板的莲叶冰。接着，这些莲叶冰相互融合，构成了厚厚的浮冰块。这些浮冰块又会经历多次断裂和融合，最后终于变成了坚实的冰盖。

▲ 油脂状冰
海洋表面凝固而成的冰晶形成了一层泥泞的冰层，就像液状泥。海豹可以从中穿过。

▲ 莲叶冰
油脂状冰会变为盘状，当这些冰相互碰撞时，它们的边缘会向上翘起，就像莲叶一样。

▲ 多年积冰
海冰形成了粗糙而凌乱的冰层。这些冰层由较厚的浮冰构成，浮冰在海风的作用下融为一体。

漂浮的浮冰群

海冰大多是移动的浮冰群，可以在极地海洋上漂浮。在北冰洋，海流挟带着浮冰横跨北极，由于北极气温很低，所以经年累月浮冰越来越厚。一旦浮冰逐渐远离北极，就会越来越薄，最后在海洋中融化。这也就意味着，冰上标明北极位置的标记总会随着海冰移动，因此必须定期重新标记。

▶ **超级强大**
破冰船可以在1.8米厚的海冰上行驶。

破冰船

在北冰洋周围，为了满足航运的需要，强劲的破冰船会对冰封的海域进行清理。这些特别加固的船只拥有强大的发动机，可以推动船只在浮冰上行驶。船只非常重，足以将浮冰粉碎。破冰船也会在南大洋作业，只不过没有北冰洋那么频繁，因为南大洋没有多少重要的航线。

冰冻之旅

19世纪90年代，挪威人弗里乔夫·南森驾驶着特别加固的"弗雷姆"号穿越北冰洋时，船只被封固在冰层中。经过整整三年的时间，在海流的推动下，浮冰和"弗雷姆"号越过了世界的顶端，这也证明了海冰可以漂过北极。1896年8月，"弗雷姆"号终于在斯瓦尔巴群岛附近突破了浮冰层。

冰下生物

尽管浮冰下面的海水非常寒冷，但是它仍然比海冰本身温暖得多。因此，如果能找到食物，很多动物都不介意在浮冰下生活。在浮冰中生长的微型藻类为小动物提供了食物，而小动物又成了鱼类和海豹的猎物。此外，海胆、海星和其他海洋无脊椎动物也常常生活在这里的海床上。

冰上花园

浮游植物几乎提供了极地海洋生物所需的全部食物，但是到了隆冬季节，它们就无法生长。等到早春来临，光照不断加强，可以穿透变薄的冰层时，它们才开始繁殖。要不了多久，浮冰的底部就会被绿藻群覆盖。这些绿藻群长得非常茂密，阳光也无法达到藻群下面更深的水域。不过，它们也为小动物提供了所需的食物，而所有个头较大的海洋动物又以捕食这些小动物为生。

冰冻食物

生长在浮冰下面的微型海藻养育了磷虾、桡足类动物和其他通过冬眠来熬过冬天的浮游动物。一旦藻类开始繁殖，这些动物就可以大量进食，很快它们也会开始繁殖。最后，等到浮冰都融化，这些动物会形成庞大的群体。

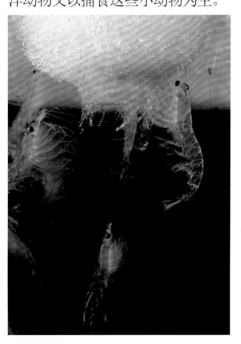

◄ 南极磷虾
春天，浮冰下面生长的绿藻为这些饥饿的磷虾提供了一顿半冰冻的盛宴。

▼ 超级食腐动物

尽管寒意阵阵，但在南极洲威德尔海上漂浮的冰块下面，这些以食腐为生的海星仍然可以在海底茁壮生长。

银鱼

温度差不多下降到-2℃时，富含盐分的海水才会结冰。一些特化物种在海水结冰时仍然可以存活，如这种南极银鱼，它们体内含有天然防冻剂，通常可以防止它们被冻死。

▲ 幽灵面孔

银鱼"面目可憎"，因为它们的血液是无色的，不含吸收氧气的红细胞。极地海水中富含氧分，即使没有红细胞，银鱼的血液中也有足够的氧。

海床危机

寒冷的极地海域富含食物，也就是说，那些栖居在海床上的动物，只要它们能够在浮冰下接近冰点的水域中生存，就可以大量繁殖。但是，这些动物一直生活在危机中，它们可能会被漂移到浅海海域的浮冰卡住，也可能会被周围海域中形成的冰层冻住。

▲ 威德尔海豹

与其他海豹相比，这些威德尔海豹可以在更南端的海域捕猎。冬天，当南极海域封冻时，它们会在南极海岸附近捕食。

艰难时世

很多海豹在漂浮的冰块下捕食，它们从浮冰边缘钻出来，或是浮到小块的无冰水面呼吸空气。在南极洲附近，威德尔海豹在海岸附近厚厚的浮冰下捕捉鱼类和乌贼。它们用牙齿凿开冰层，钻出一个呼吸孔。慢慢地，它们的牙齿就会磨损，甚至会出现严重的牙疼。

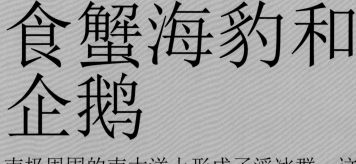

食蟹海豹和企鹅

食蟹海豹

世界上的食蟹海豹有1000多万只，它们是地球上数量最多的大型野生哺乳动物。它们大部分时间都待在寒冷水域或浮冰群上，有时候数量竟达1000多只。春季，雌性海豹会在冰上产崽。它们用充裕的奶水喂养幼崽三个月，之后幼崽就要开始进入水中自己捕猎。

南极周围的南大洋上形成了浮冰群，这些浮冰群是数百万只海豹和企鹅的家园。不过，数量最多的要数食蟹海豹，它们在冰上繁殖。夏季冰雪融化时，大部分企鹅会离开冰层，到南极海岸或南极岛屿上筑巢。但是，奇特的是，冬季帝企鹅会在位于南极海岸延伸部分的浮冰上繁殖后代。

▲ 漂浮的避难所
漂浮的冰块是食蟹海豹理想的避难所，可以帮助它们躲避劲敌豹形海豹的侵袭。

◀ 磷虾过滤器
虽然这种海豹取名为食蟹海豹，但是它们几乎只吃生活在寒冷南大洋中的磷虾。它们的牙齿很特殊，可以相互咬合成筛状，过滤水中的磷虾。

知识速览

■ 食蟹海豹幼崽体重每天增加4千克，它们主要依靠母乳喂养。

■ 在繁殖期，以磷虾为食的南极企鹅每6秒钟就需要捕捉一只磷虾来喂养它们的幼崽。

■ 在孵化幼崽时，雄性帝企鹅可以115天不进食。幼崽孵化后由雌性帝企鹅照料。

潜水的企鹅

体型较小的企鹅，如南极企鹅和阿德利企鹅，主要以磷虾为食，它们追捕磷虾，用尖尖的喙将磷虾一只一只逮住。但是，体型较大的王企鹅和帝企鹅主要以鱼类和乌贼为食，它们有时还会潜到极深的水底捕食。帝企鹅可以潜到水下500米甚至更深处，最多可在水下待18分钟。

▲ 毛茸茸的幼崽
阿德利企鹅的幼崽全身黑乎乎、毛茸茸的。它们长得很快，要不了多久，个头就和长着黑白羽毛的父母相当了。大约8周后，它们柔软的绒羽就会被防水羽毛替代，这样它们就可以自己下水捕食了。

岩石托儿所

只有阿德利企鹅在南极海岸繁殖后代，其他企鹅都不会选择这么靠南的地方。它们会一直等待，直到相对温暖的夏季来临，冰雪融化。海岸上的一些裸礁浮出了水面，数百只甚至数千只企鹅夫妇建立了庞大的繁殖栖息地。每对企鹅会用石头筑一个巢，然后轮流照看两枚卵，直到孵化。

▲ 冬天守夜
帝企鹅在秋天产卵。整个冬天，南极的天气一直都寒冷刺骨，雄性帝企鹅一直在孵卵，而雌性帝企鹅则负责出海捕食。每只雄性帝企鹅会把卵放在它那黑色的大脚上，防止卵掉到冰上被冻坏。

挤成一团的帝企鹅

夏天，大部分南极企鹅会在岩石海岸筑巢。但是帝企鹅体型较大，需要更长的时间长大，对它们而言，夏天的时间不够长，孵完卵后它们没有足够的时间养育幼崽。因此，在前一个冬天，它们就会在海冰上繁殖，挤成一团来抵御极端的严寒。企鹅卵会在春天孵化，这样经过一个夏天，它们的幼崽就可以赶在冬天再次来临之前长大了。

极地海域

光滑的猎手
企鹅腿很短，在陆地上行走时，它们会左右摇摆，动作非常笨拙。但是，一旦潜入水中，它们就变成了光滑、迅速而优雅的游泳高手。浓密的羽毛和厚厚的脂肪不仅使它们的身体呈现出完美的流线型，还能帮助它们在寒冷的海域保持温暖。

极地海域

南极捕食者

很多企鹅、海豹和其他动物会在南极附近富饶的水域捕食，它们都会成为豹形海豹和虎鲸——南大洋中最强大的掠食动物的猎物。豹形海豹是独来独往的伏击式捕食者，而虎鲸则成群结队地在寒冷海域徘徊，一起合作智取猎物。

信仰之跃

尽管南极周围的冰海中没有鲨鱼，但是这里也有很多危险级别与鲨鱼相当的掠食动物。企鹅和海豹大部分时间都待在漂浮的海冰上，它们清醒地意识到，一旦进入水中觅食，随时会有生命危险。对于阿德利企鹅而言，从冰山上迅速潜入水中是躲避袭击的最佳方式，因为它们跳入水中的速度极快，敌人根本没有时间逮住它们。

潜伏的杀手

强大的豹形海豹不仅会吃掉很多磷虾，还会捕食企鹅和其他南极海豹，尤其是食蟹海豹。它们最喜欢用的策略就是潜伏在浮冰的边缘之下，等待猎物钻入水中。如果是企鹅，豹形海豹就会将它们逮住，在水中咬死。利用这种战术，它们也可以剥掉企鹅身体上皮肤和羽毛，从而更容易吞食和消化企鹅肉。

◀ 豹形海豹
在南极库佛维尔岛附近，一只巴布亚企鹅奋力一搏，试图逃脱豹形海豹的魔掌。

极地海域

顶级捕食者

虎鲸满嘴都是大尖牙，它们以捕食所有能够抓到并杀死的动物为生，包括鱼类、企鹅和海豹，甚至北极熊和其他鲸鱼。它们可以将体型较大的动物撕碎，不过通常会将海豹整个吞掉。虎鲸分布于全球所有海域，它们以族群的形式集体出行。每个群体约有20名成员，这些成员通常一起生活，共同照顾幼崽。

▼ 虎鲸

一头雄性虎鲸可以从极地海域的寒冷海水中一跃而起。雄性虎鲸的背鳍比雌性虎鲸高很多。

集体捕食者

同所有的鲸鱼和海豚一样，虎鲸非常聪明，它们通常会一起合作捕食。图中的4只虎鲸正在齐心协力围捕一只栖息在浮冰上的海豹。其中的3只制造了一股巨浪，这股巨浪涌向浮冰，将海豹冲到水中，而第4只虎鲸正在等待时机将它逮住。

哇哦！

每群虎鲸都有一种特殊的捕食方式，它们的声音甚至成了一种独特的语言。

南极岛屿

环绕在南极大陆四周的南大洋中分布着很多岛屿，它们都是由岩石构成的冰封之地，有一些还是活火山。不过，对于那些在海洋中捕食的海鸟和其他动物而言，这些岛屿是完美的繁殖地。其中，很多岛屿不仅成为大量海豹和企鹅的繁殖地，同时也成了信天翁等漂泊者的筑巢区。

岩石和冰雪

大多数南极岛屿崎岖不平，地势险峻，高耸的岩石山顶被冰雪覆盖，这些冰雪流入海洋形成了冰川。这里风很大，寒冷刺骨，经常会有暴风雪，但是阴冷的海滩提供了一条进入海洋的便捷通道，海洋富含鱼类和其他食物。

繁殖后代的海滩

海豹必须在陆地上产崽，因此海滩吸引了雌性海豹。海豹幼崽刚出生时不会游泳，海豹妈妈需要将它们聚集在一起，在海滩上集中喂养。雄性海豹也会加入其中，希望与雌性海豹交配。每只雄性海豹会尽可能多地与雌性海豹交配，这样就导致了激烈的竞争，雄性竞争对手会在海滩上大打出手。

▶ 南象海豹
在南乔治亚岛上，这些未完全发育的雄性南象海豹正在练习格斗技术。

广阔的聚居地

有几种企鹅生活在南极周围，它们会在这些岛屿上筑巢，建立庞大的繁殖基地。至少有100万对南极企鹅会在扎沃多夫斯基岛——南桑威奇群岛上的一座活火山上繁殖。火山的热量融化了覆盖在火山坡上的冰雪，这样企鹅就可以在没有冰雪的地面上筑巢。这里也成了地球上最大的企鹅聚居地。

◀ 国王和王后
王企鹅聚居地位于南乔治亚岛海岸边的索尔斯堡平原上，这里吸引了10万多对有繁殖能力的企鹅，每对企鹅只养育一只幼鸟。

偏僻的巢穴

黑眉信天翁一生都会忠于它们的配偶，并且每年都会回到同一座岛上繁衍后代。它们在靠近海洋的平地上筑巢，形成庞大而嘈杂的群落。它们之所以会这样筑巢，主要是因为这里没有狐狸之类的天敌。这些天敌会偷吃黑眉信天翁的卵和幼鸟。每对信天翁只养育一只幼鸟，在幼鸟学会飞翔和独自捕食前，它们的父母至少要喂养它们4个月。

哇哦！

隶属于南乔治亚岛的伯德岛上栖居着56000多只有繁殖能力的信天翁和10万多只企鹅。

捕鲸站

在过去，这些岛屿是捕猎海豹的基地。后来，海豹差不多都被捕光了，捕猎者们开始将目光转向了鲸鱼，最后鲸鱼也几乎被赶尽杀绝。直到1986年，为了拯救濒临灭绝的鲸鱼，商业捕鲸被明令禁止，这些岛上的捕鲸站也被废弃了。

▼ 锈迹斑斑的遗址
装有捕鲸炮的捕鲸船在南乔治亚岛古利德维肯捕鲸站附近海滩上搁浅。

冰川和冰架

在寒冷的季节，积雪常年处于冰冻状态，因此雪下得越多积雪越厚。上面的积雪越来越重，将下层的雪压成固态冰，慢慢向下流动形成了冰川。很多冰川在抵达海岸之前就已融化，但是有些极地冰川会一直流向大海。它们在大海中形成了入海冰川和冰架，破裂后成了漂浮的冰山。

哈伯德冰川
碎冰崖

地点　美国阿拉斯加
长度　122千米
状态　增长

哈伯德冰川是北美洲最大的入海冰川，巨大的入海浮冰岸延伸至10千米，冰崖高达120米。冰崖破碎后产生的碎冰形成了一条稳定的冰山流，漂进阿拉斯加海岸东南面的迪森夏梦峡湾。有很多人搭乘游轮前来参观哈伯德冰川。

冰川类型

大多数冰川是由山上的积雪形成的。山峰之间的盆地中堆积了很多积雪，一旦积雪堆满，冰就会溢出，磕磕碰碰地向山脚移动，形成了山谷冰川。但是，在极冷的地区，高原上覆盖着冰帽或巨大的冰盖，向溢出冰川不断地输送冰。这两种冰川都会进入海洋，成为入海冰川。

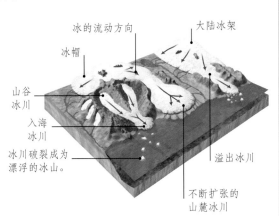

冰的流动方向　大陆冰架
冰帽
山谷冰川
入海冰川
冰川破裂成为漂浮的冰山。
溢出冰川
不断扩张的山麓冰川

雅各布港冰川
巨型冰山

地点　格陵兰岛
长度　超过了65千米
状态　消退

雅各布港冰川是一座从格陵兰冰盖上流出的溢出冰川——一块巨大的冰块，覆盖了格陵兰岛80%的面积，深度可达3千米。雅各布港冰川向西流入一条通向迪斯科湾的峡湾。在流动的过程中，该冰川破裂成巨大的冰块，然后流入北大西洋。1912年，导致"泰坦尼克"号沉没的冰山可能就来自这座冰川。

哥伦比亚冰川
冰山加工厂

地点　美国阿拉斯加
长度　51千米
状态　消退

哥伦比亚冰川是一座涌入北太平洋阿拉斯加湾的入海冰川，也是世界上移动速度最快的冰川之一。2001年，哥伦比亚冰川崩裂成冰山，以每年7立方千米的速度涌入大海。但是，在大量冰川形成的过程中，浮冰岸不断被削减，自1982年起就已经消退了16千米。

彼得斯冰川
冰川岛

位置	南乔治亚岛
长度	5千米
状态	消退

南乔治亚岛所属的南极地区至少有一半面积常年被冰雪覆盖，冰雪沿山坡向下流，在此过程中形成了160多座冰川。这些冰川中，有100多座会进入海洋，其中就包括壮观的彼得斯冰川，它的冰隙非常深。就像大多数南乔治亚岛的冰川一样，彼得斯冰川也因气候的变化而不断消退。

马杰瑞冰川
高耸的冰墙

位置	美国阿拉斯加
长度	34千米
状态	稳定

阿拉斯加东南面的冰川湾共有16座入海冰川。马杰瑞冰川以法国地理学家伊曼纽尔·德·马杰瑞的名字命名，是世界上最壮观的冰川之一，高耸的冰墙高出水面80米。不同于附近的大部分冰川，近年来马杰瑞冰川一直在增长，但是现在处于稳定期。

南索耶冰川
蓝色冰块

位置	美国阿拉斯加
长度	50千米
状态	消退

索耶冰川分为南北两座冰川，沿加拿大海岸山脉流进一条幽深而狭窄的峡湾，也就是位于阿拉斯加海岸东南部的崔西峡湾。巨大的蓝色冰块使冰川断裂，流入峡湾，成为斑海豹的漂浮避难所。

罗斯冰架
面积惊人

位置	南极洲
面积	48.7万平方千米
状态	稳定

从辽阔的南极冰盖上溢出的冰散落在海洋中形成了冰架。罗斯冰架是世界上最大的冰架，像一个巨大的盖子覆盖了部分罗斯海，它的面积与法国面积差不多。尽管目前处于稳定期，但是科学家们预言，在22世纪它可能会崩塌。

▼ 雪白的墙壁
罗斯冰架的浮冰岸长600多千米，高达50米。

水上漂

冰山沿着海岸蜿蜒而上，这一过程形成了很深的裂缝，也被称为冰隙。崩裂的冰块延伸至海洋后开始漂浮，变得很不稳定。无须太多的运动，大冰块就会从冰山底部剥落，掉入海中。

冰山

冰架和入海冰川突出的部分都漂浮在海上，因此它们会随着潮涨潮落上升或下沉。同时，在融化的作用下，这些突出的部分崩裂，破碎成小块的冰山在海上漂移。很多冰山体积很小，但是有些冰山也成了庞大的漂浮岛屿，在彻底融化之前，它们会随着海流漂移到很远的地方。

哇哦！

每年，冰川从格陵兰岛向下流动，崩裂后形成了5万多座大型的冰山。这些冰山都在海上漂浮。

崩裂

虽然入海冰川或冰架与海岸附近的岩石相连，但是它们最终会漂浮在海洋上。冰山漂浮在海面的部分位于地平面以上，相对较薄。涨潮和退潮时，这个部分会不停地弯曲，最终崩裂。因此，有部分浮冰崩裂成了冰山，这一过程就是裂冰作用。因为浮冰是破碎的冰山冰，所以冰山也是由冰冻的淡水形成的。

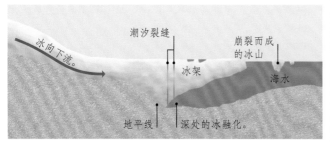

冰向下流。　潮汐裂缝　崩裂而成的冰山　冰架　海水　地平线　深处的冰融化。

潜伏的危险

水凝固成冰后体积会膨胀，因此冰的重量比同样体积的液态水要轻。这也是冰山之所以会漂浮的原因所在。不过，同体积的冰与水之间的重量差仅为10%，也就是说，一座漂浮的冰山90%的部分隐藏在海面以下。隐藏的冰远远超过了位于海面之上的可见浮冰。

漂浮的岛屿

无数座冰山与辽阔的大西洋冰架分割开来。例如，2000年3月，一块与美国康涅狄格州面积相当的冰山就从罗斯冰架上分裂出来。这些巨大的冰板在水面上漂浮，被称为平顶冰山。它们看起来就像岛屿，在过去，很多人认为它们就是真正的岛屿。

慢慢下降

冰山在海上漂浮时会融化成各种奇怪的形状。由于重量分布也会发生变化，所以它们可能会倾斜，甚至上下颠倒。这样，吃水线以下冰面生长的绿藻和岩屑的黑色部分都会露出水面。有些冰山最后会在海滩上搁浅，就像正在腐烂的水果一样慢慢瓦解。

◀ 冰山末期
这块冰山在南极半岛的海岸上搁浅了，它的生命已经临近尾声。

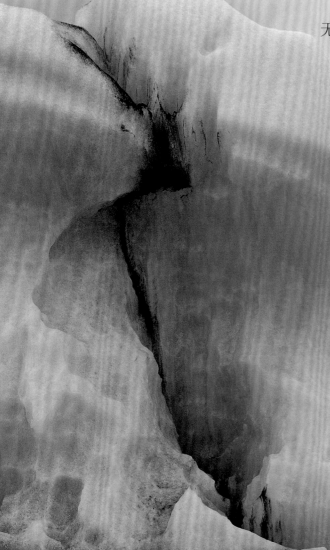

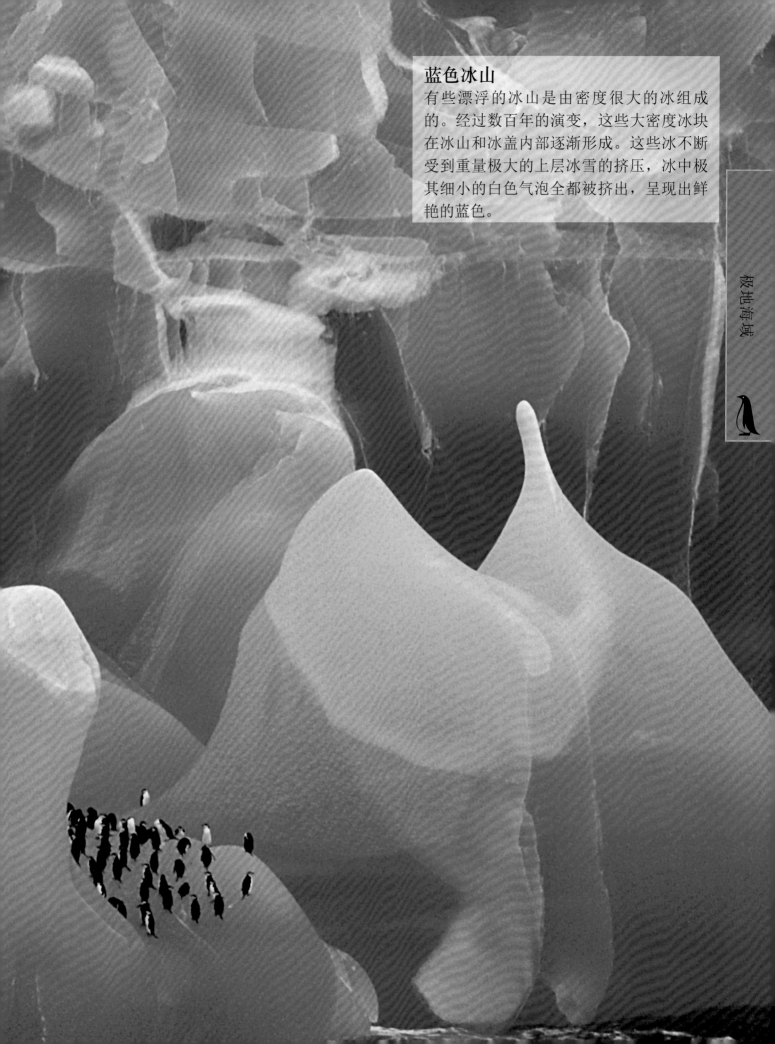

蓝色冰山

有些漂浮的冰山是由密度很大的冰组成的。经过数百年的演变，这些大密度冰块在冰山和冰盖内部逐渐形成。这些冰不断受到重量极大的上层冰雪的挤压，冰中极其细小的白色气泡全都被挤出，呈现出鲜艳的蓝色。

北极海豹

寒冷的北极海域是多种海豹的栖息地。这些海豹的鳍状肢很短，后肢向后延伸。虽然这些海豹无法借助四肢在陆地上行走，但是它们可以很好地利用四肢在水中游动。海狗、海狮和海象的鳍状前肢较长，后肢可以向前伸展，因此在陆地上较灵活。

海象
长牙巨兽

体长　雄性可达3米
体重　雄性可达1210千克
栖息地　近岸海域

海象比海豹大很多，尽管外形看上去很像一只体型超大的海狮，但是它们与海狮没有太大的关系。它们生活在北极岩石海岸上，以捕食蛤蚌和其他浅海海床上的贝类水生动物为生。海象最明显的特点就是有一对长长的牙，这对长牙是向外延伸的上犬齿，可以长到90厘米。雄性海象和体型较小的雌性海象都长有长牙。它们的长牙有时候会用来搏斗，或是将它们从水中拉回冰上。不过，这对长牙主要是海象年龄的象征，具有重要的社交意义。

▼ 正在晒太阳的海象
海象非常喜欢群居，它们在寒冷的水域捕完食后，通常会紧紧地挤在一起相互取暖。

髯海豹
触觉灵敏

体长　可达2.4米
体重　可达360千克
栖息地　近岸海域

与海象一样，髯海豹也主要在海床上觅食，利用长而敏感的胡须来锁定猎物。它们以蛤蚌、螃蟹、乌贼和海底鱼类为食。这种捕猎技巧有局限性，因此髯海豹只能在浅海近岸海域捕食。雌性髯海豹独自在小浮冰上产崽，神奇的是，小海豹出生几个小时后就会游泳和潜水了。

环斑海豹
光滑的游泳者

体长 可达1.5米
体重 可达107千克
栖息地 浮冰

环斑海豹也是北极最常见的物种之一，它们的身体形状和鱼很像。与其他海豹一样，它们也生活在极地海域。它们身披厚厚的脂肪层和浓密的皮毛，所以即便在刺骨的冷水中游几个小时或是在冰上休息，环斑海豹也不会被冻坏。环斑海豹是北极熊最喜欢的猎物，它们通常会待在冰面呼吸孔附近，这样它们就可以在必要时迅速逃跑。

北海狮
看得见的耳朵

体长 雄性可达3米
体重 雄性可达566千克
栖息地 近岸海域

大部分海狮和海狗栖居在偏南的地方，南极附近也有几个种类。不过，北海狮和北海狗都在阿拉斯加和西伯利亚之间靠近北极的白令海中生活和繁殖后代。北海狮是体型最大的海狮，耳郭清晰可见。北海狮会大群大群地聚集在岩石海岸繁殖，体型较大的雄性海狮会为了争夺雌性海狮而相互竞争。它们通常在夜间捕食，鱼类、乌贼、螃蟹和蛤蚌是主要的捕食对象。

带纹海豹
与众不同的图案

体长 可达2.1米
体重 可达100千克
栖息地 浮冰

带纹海豹与环斑海豹相似，只不过带纹海豹较为少见，它们生活在阿拉斯加和东西伯利亚之间的白令海，以及北冰洋附近的海域。成年的雄性带纹海豹皮毛要么呈黑色，要么颜色非常暗，还夹杂着些奶白色的图案；雌性带纹海豹皮毛颜色较为暗淡，上面的图案不太明显。这些海豹在漂浮的海冰上产崽，其他时间都在海上捕食鱼类、乌贼或虾类等小动物。

冠海豹
孤独的猎人

体长 雄性可达2.4米
体重 雄性可达435千克
栖息地 浮冰

冠海豹的体型较大，它们会在大西洋最北边的海域和格陵兰海中捕捉深海乌贼和较大的鱼类。它们与大多数海豹不一样，通常选择独居。雄性冠海豹的体型比雌性大很多，雄性竞争对手会相互打斗。

竖琴海豹
繁殖群

体长 可达1.8米
体重 可达130千克
栖息地 浮冰

成年竖琴海豹背部呈银灰色，上面有一块竖琴状的黑斑，因此得名。竖琴海豹身体修长，游动速度快，以捕食鱼类为主。它们大部分时间都在海上，冬末时会在北部的浮冰上形成巨大的繁殖群。

寒冷的繁殖地

很多海豹在极地海洋中的浮冰块上繁殖下一代，尤其是在南极附近的南大洋海域，在浮冰块上繁殖是最安全的。在北极，由于北极熊的捕猎行为对海豹造成了极大的威胁，所以这些海豹不断进化，形成了特殊的适应性和行为模式，这样就可以降低遭受致命袭击的风险。

雪洞

环斑海豹栖居在北极圈附近的地区，在与海岸相连的被雪覆盖的海冰上产崽。每只雌性海豹会沿着冰上的裂缝挖掘，在破碎的冰块和积雪中挖一个洞。当它们从秘密通道中溜出去捕食时，幼崽会待在洞中。这样，它们就都可以躲过北极熊的搜寻了。

哇哦！

竖琴海豹只养育幼崽12天，然后将它们留在冰上。直到6周后，脆弱的小海豹才会游泳和捕猎。

薄冰上

与环斑海豹不同，竖琴海豹生活在大的群落中。冬末，它们会前往大西洋边缘靠近北极圈的海域，在那里的3个繁殖区中繁殖。雌性海豹会在刚形成的浮冰上产下唯一的幼崽。这些浮冰很薄，强度仅够支撑海豹的体重。对捕食海豹的北极熊而言，这些冰太脆弱，根本无法承受它们笨重的身体。不过，冰很快会破裂，所以小海豹必须快点长大。

▲竖琴海豹托儿所图中有4只小竖琴海豹和一只成年的雌性竖琴海豹，它们正躺在加拿大北极地区东海岸的一块海冰上晒太阳。

白色的皮毛

南极海豹幼崽和它们的父母一样，披着灰色的皮毛。不过，在北极，皮毛颜色较深的小海豹很容易成为北极熊的目标。因此，大部分在北极地区冰上出生的海豹出生时，皮毛都是白色的，这样它们就可以在冰雪中隐藏自己。同时，这层厚厚的白色皮毛还能帮助它们抵御寒冷，不过很快这层皮毛就会脱落，取而代之的是颜色更深、更光滑的皮毛。

▶ 正在褪毛的小海豹
虽然这只小环斑海豹只有8周大，但是它已经开始褪去出生时的白色长毛。很快，它的长相就会大不相同了。

充气的魅力

冠海豹和竖琴海豹生活在北极的同一区域。在春季的繁殖期，成年的雄性冠海豹会竞相做精彩的表演。每只雄性冠海豹都可以让头顶的黑色鼻囊中充满空气，形成一种膨胀的帽状物，因而它们被称为冠海豹。同时，它们还能使左鼻孔上的红色皮肤像气球一样充气，并左右晃动，发出砰砰声。雄性冠海豹试图用这种表演来驱赶它们的对手，不过最终它们还是会大打出手。

冰上狩猎者

当北冰洋封冻时，陆地上的掠食动物就可以走到更远处的冰上觅食。北极熊和北极狐——两种北极狩猎者就养成了这种狩猎习惯。它们都极其适应北极寒冷的天气，尤其适应冰上的生活，它们待在海上的时间比陆地上还久。

▲ 隐藏的猎物
北极狐可以依靠敏锐的听觉和灵敏的嗅觉来寻找躲藏在积雪下面的猎物，然后从高处向猎物猛扑过去，将其制服。

夏季的皮毛
冬季，北极狐的皮毛呈白色，非常厚。到了夏天，这些皮毛会褪去，换成较薄的浅褐色皮毛。这样，夏天它们就不会觉得太热，而且冬雪融化后它们还可以更好地伪装自己。有些北极狐，如蓝狐，全年身披蓝灰色的皮毛。不过，它们主要栖居在岩石海岸，很少在冰上狩猎。

四处觅食的狐狸
北极狐主要在陆地上狩猎，它们捕食旅鼠和其他小型哺乳动物。但是，到了春季（海豹繁殖的季节），它们会前往冰上寻找并捕食小海豹。北极狐也会尾随北极熊，享用它们的残羹冷炙。冬季，北极狐浓密的皮毛会变成白色，可以帮助它抵御北极刺骨的严寒。有了皮毛的保护，它们甚至可以睡在冰上。

哇哦！
北极狐的皮毛如此保暖，使得它们在气温下降到-70℃的时候都不会冻得发抖。

北极熊是世界上最大的熊

北极熊

北极熊是食肉动物，在冬天形成的浮冰上捕猎。它们有浓密的皮毛，皮肤下还有厚厚的脂肪层。虽然北极熊是游泳高手，但是它们不能在水中捕食。夏天，海上的浮冰融化，北极熊只能待在陆地上，等到海洋再次封冻才开始捕食。

雪白的幼崽

每只雌性北极熊通常产下两只幼崽。秋天，它们会在陆地上的雪洞里产崽。整个冬天，北极熊妈妈会用母乳哺育幼崽，然后在早春来临时，带着它们的幼崽在海冰上觅食。幼崽会一直和妈妈待在一起，直到两岁左右才分开。

冰上狩猎者

北极熊吃海豹，尤其是那些在浮冰上挖掘洞穴进行繁殖的环斑海豹。北极熊通过嗅觉来定位隐蔽的海豹繁殖地，哪怕是在1千米外，它们都可以探测到。一旦北极熊找到一个海豹繁殖地，就会利用自身的重量砸碎积雪，在海豹逃跑之前将它逮住，巨爪一挥就可将海豹杀死。

◀ 家庭聚餐
北极熊在浮冰上徘徊觅食。幼崽跟在妈妈的身后，学习如何独自捕猎。

冰上居民

数百年来，人类一直是最高效的冰上狩猎者，因纽特人、尤皮克人和其他北极居民通常都被称为爱斯基摩人。直到近些年，这些狩猎者们才完全过上了自给自足的生活，他们用猎物的皮毛和骨头做成精致的工具进行捕猎。虽然他们现在也会使用很多现代科技，但是很多人仍以捕猎为生。

保暖

冬天，北极的温度很少会上升到冰点以上，有时甚至还会骤降到-50℃。虽然这些因纽特人已经习惯了刺骨的寒冷，但是如果没有穿上用动物皮毛做成的极其保暖的衣服，他们也熬不过这种严寒。一般说来，最温暖的衣服是用驯鹿皮做成的，不过海豹皮，甚至是北极熊的皮毛也会经常被用到。

哇哦！

在雪屋里，因纽特猎人会睡在用坚冰做成的床上，上面盖着毛茸茸的驯鹿皮。

雪屋

以前，很多北极居民夏天住在用石头、动物的骨头和浮木做成的房子里，或是用动物皮毛做成的帐篷里。但是，因纽特猎人冬天会待在海冰上，晚上在用雪块搭成的小棚子里过夜，这个小棚子就是雪屋。四面的雪墙挡住了刺骨的寒风，而令人惊奇的是，睡着的人散发出来的热量竟然可以使雪屋里面保持温暖。现在，外出打猎时，因纽特人仍然会建雪屋，但是他们的家人通常住在现代化的住宅里。

海上狩猎

因纽特人划单人皮划子在海上捕捉海豹和鲸鱼。皮划子最初是由鲸骨或框形支架及上面覆盖的海豹皮做成的。现在全球使用的塑料皮划艇借用了因纽特人的设计。至于武器，因纽特人主要使用弓箭和鱼叉。

雪橇狗的力量

4000多年前，因纽特人就开始用狗拉雪橇，在海冰和白雪皑皑的雪地上穿行。依据传统，狗拉的雪橇是用皮革带将木头或骨头固定的，而不是用钉子。

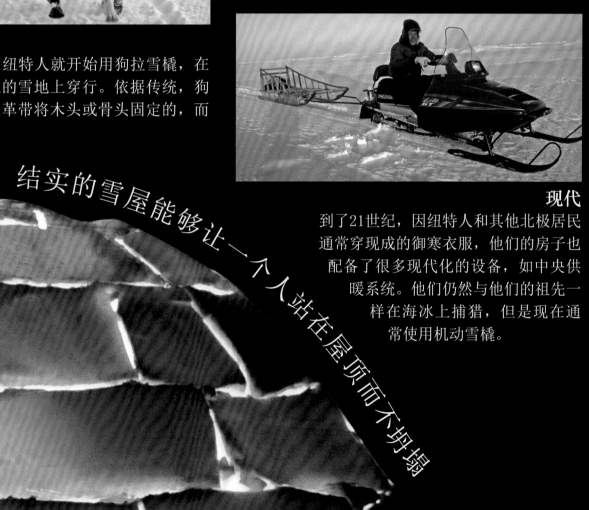

现代

到了21世纪，因纽特人和其他北极居民通常穿现成的御寒衣服，他们的房子也配备了很多现代化的设备，如中央供暖系统。他们仍然与他们的祖先一样在海冰上捕猎，但是现在通常使用机动雪橇。

结实的雪屋能够让一个人站在屋顶而不坍塌

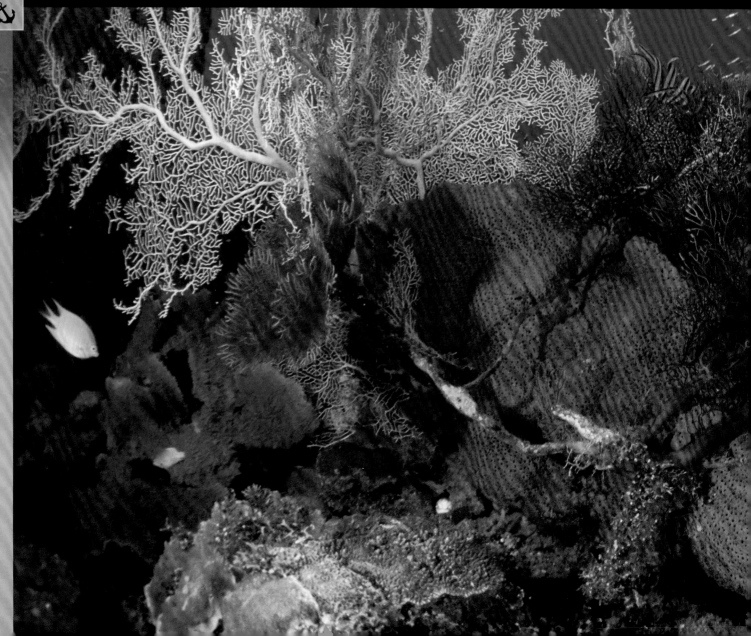

海洋和人类

海洋曾一直被认为是人类探索自然的一大障碍，不过现在已经成为提供丰富食物和矿产资源的宝库。但是，我们也要注意保护海洋，使它免受危害。

发现之旅

最早横穿世界各大洋的人对海洋本身不感兴趣，而在陆地上，他们总可以找到意想不到的东西。有的人横跨大洋是为了寻找新的居住地，有的是为了搜寻有价值的商品进行交易，如来自异国的香料。最后为了自身利益，人们开始探索海洋，绘制地图，并开始了解海洋。

▲ 异域商品

郑和带着战绩、珍宝和从未见过的异域商品回到中国。一位非洲统治者甚至赠送给明成祖朱棣一只长颈鹿。

波利尼西亚殖民者

探索太平洋

时间 公元前1500~公元1100年
航海目的 海外殖民
航行距离 1万千米

太平洋上的岛屿星罗棋布，岛上的居民最初来自于东南亚。大约在3500年前，他们从一座岛屿转移到另一座岛屿，最后于1100年抵达复活节岛。这些居民乘坐着庞大的双体独木舟开启了神奇的旅程，他们依靠星星来导航，横跨了广袤的太平洋。

▼ 波利尼西亚大三角

波利尼西亚居民定居在1000多座零零散散的岛屿上，这些岛屿散布在南太平洋的巨大三角区中。

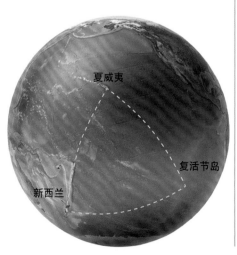

郑和

中国舰队

时间 1405~1433年
航海目的 远洋探索
航行距离 20万千米

中国舰队指挥官郑和是最早探索印度洋的探险家之一，在15世纪早期他就完成了七下西洋的伟大创举，途中访问过印度、阿拉伯半岛和东非。不同于欧洲探险家，郑和拥有庞大的船队。1405年，他开始第一次航海，带领一支由300多艘船组成的舰队，其中包括不少长约120米的九桅大帆船——比同一时期欧洲帆船大得多。

▲ 维京长船

维京长船追求速度，主要用于海上抢劫。为了横跨大西洋，维京人建造了庞大的船只。

维京海盗

横跨大西洋

时间 1000年
航海目的 海外殖民
航行距离 1万千米

1000多年前，来自斯堪的纳维亚半岛的维京人驾驶着维京长船漂洋过海，在北欧海岸上持械抢劫。不过，随着时间的推移，他们开始在新大陆定居下来，如冰岛和格陵兰岛南端。最后，他们抵达了北美洲东部边缘的纽芬兰岛，并在那里定居。500年后，探险家哥伦布才穿越了大西洋。

巴尔托洛梅乌·迪亚士

绕非洲航行

时间 1487~1488年
航海目的 探索海上贸易航线
航行距离 2.2万千米

葡萄牙探险家巴尔托洛梅乌·迪亚士是第一位绕过非洲南端进入印度洋的欧洲人。他的航海之旅是由葡萄牙国王约翰二世赞助的，约翰二世想让迪亚士找到一条直接到达印度的贸易航线，这样就可以绕过陆地。迪亚士曾希望自己能够亲自去印度，但是当他们沿着风雨交加的非洲东南海岸航行了一小段距离之后，船员都筋疲力尽，使他不得不返航。

海洋和人类

218

克里斯多弗·哥伦布
偶然的发现

时间　1492~1493年
航海目的　探索海上贸易航线
航行距离　1.6万千米

15世纪80年代，意大利探险家克里斯多弗·哥伦布打算向西航行环游世界，到达中国和印度。他并不知道美洲会是航行途中的拦路虎。哥伦布带着由三支西班牙船只组成的舰队穿越大西洋，在巴哈马群岛登陆。他当时以为自己到了远东地区，就将整个群岛命名为西印度群岛。现在，这个群岛仍然被称为西印度群岛。

瞭望员

在甲板上生火做饭。

抽空船舱中的水。

划艇

货物存放在船舱中。

多余的帆

舵手在甲板下方掌舵。

领航员在上面大声呼喊指引方向。

为了获取鸡蛋和鲜肉而饲养的鸡

船上装载了旧式小炮（小型旋转枪）。

哥伦布的船舱

▲ "圣玛丽亚"号内部
哥伦布的帆船"圣玛丽亚"号长19米。船上有40名船员，储存的水和食物足以支撑几个月。与"圣玛丽亚"号一同出航的还有另外两艘较小的帆船——"尼尼亚"号和"平塔"号。

斐迪南·麦哲伦
环游世界

时间　1519~1522年
航海目的　探索海上贸易航线
航行距离　6万千米

与哥伦布一样，斐迪南·麦哲伦也想一直向西航行，抵达富饶的远东贸易港口。1519年，他带着237名船员和3只帆船离开西班牙，在跨越辽阔的大西洋之前，他必须绕过南美洲最南端。这次旅程比预期的时间更长，麦哲伦被菲律宾人杀害后，幸存的船员决定横渡印度洋，绕过非洲返航回国。1522年，他们环游世界后回到西班牙。

"贝尔格"号
绘制海岸线地图

时间　1831~1836年
航海目的　测量海岸线
航行距离　6.44万千米

18世纪和19世纪的海洋勘探绘制了世界各大洋的地图。例如，"贝格尔"号花了5年的时间环游世界，为此船长还聘请了年轻的英国生物学家查尔斯·达尔文一起出航。上船后，达尔文首次对海洋生物、海水和珊瑚礁进行了一些严谨的研究。

▶ 科隆群岛
达尔文在东太平洋的科隆群岛上获得了一些最重要的发现。他在岛上收集到的数据对后期研究进化论具有重大意义。为了表达对达尔文的敬意，圣克里斯托巴尔岛的入口被命名为达尔文湾。

"挑战者"号
海洋研究船

时间　1872~1876年
航海目的　海洋学研究
航行距离　13万千米

"挑战者"号的远航是人类首次为了探索海洋而做出的尝试。"挑战者"号跨越大西洋、太平洋和印度洋，船上的科学家们尽可能地对每样东西都进行了测量和取样调查。在此过程中，他们首次发现了海底的真实面貌，那里既有海岭和海沟，也有与世隔绝的海山。

海洋科学

海洋科学以查尔斯·达尔文等学者的观测为开端，随着19世纪后期"挑战者"号开展的科研探索之旅而不断发展。这项工作利用轮船、潜艇和卫星向海洋研究中心传输数据，奠定了现代研究的基础。现代海洋学涵盖了海洋的方方面面，从海底地质学到海洋风暴的成因。

南安普顿的英国国家海洋研究中心

海洋科学

海洋科学是最复杂的科学之一，它涉及物理、化学、地理、海洋生物和气象。不少大学的海洋研究所都对这些学科展开了研究，如英国南安普顿的一些研究所、意大利的那不勒斯研究所和美国的伍兹霍尔海洋研究所。这些研究所用自己的轮船开展研究，如图中这艘停靠在南安普顿码头的轮船。

海洋研究船

海洋研究船除了拥有实验室、取样设备和测量装置，很多船只还配有深海潜艇。这些都需要用特殊的设备装卸。如图所示，伍兹霍尔海洋研究所的"亚特兰蒂斯"号研究船将潜入水中的"阿尔文"号深海潜艇吊上甲板，右图展示了装卸设备的运作情况。

深海钻井

人们还用深海钻井探测洋底的自然状况，搜集岩石样本，制作地质图。图中这艘日本钻探船"地球"号能钻入水下2.5千米的洋底以下7千米，这些钻井工程搜集的数据改变了我们对地球的理解。

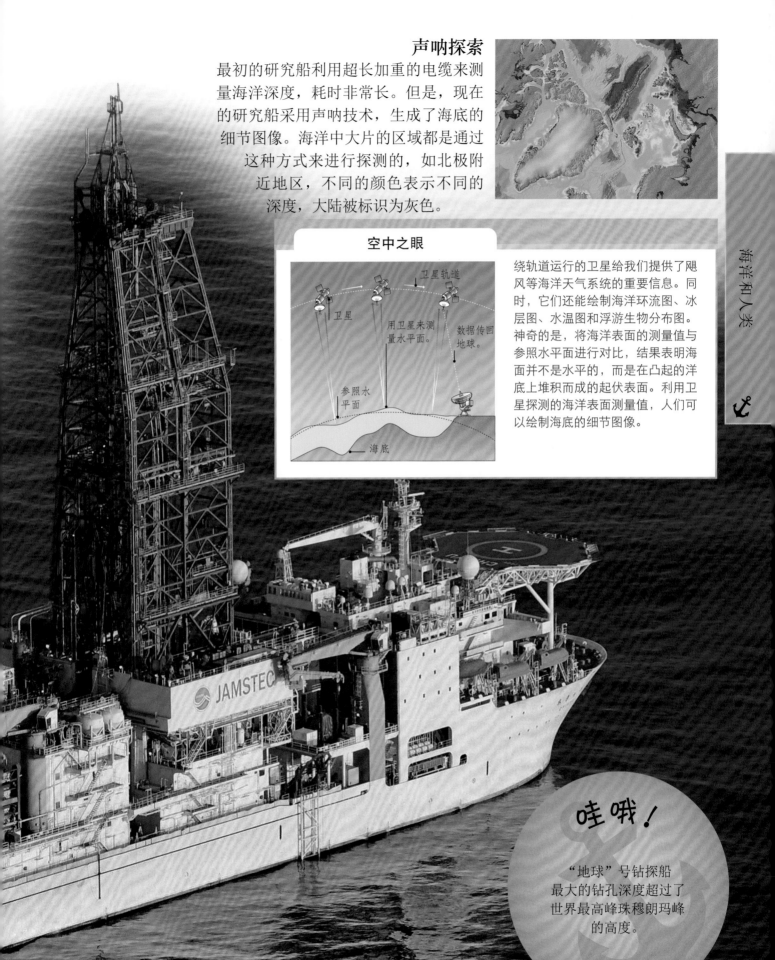

声呐探索

最初的研究船利用超长加重的电缆来测量海洋深度，耗时非常长。但是，现在的研究船采用声呐技术，生成了海底的细节图像。海洋中大片的区域都是通过这种方式来进行探测的，如北极附近地区，不同的颜色表示不同的深度，大陆被标识为灰色。

空中之眼

卫星
卫星轨道
用卫星来测量水平面。
数据传回地球。
参照水平面
海底

绕轨道运行的卫星给我们提供了飓风等海洋天气系统的重要信息。同时，它们还能绘制海洋环流图、冰层图、水温图和浮游生物分布图。神奇的是，将海洋表面的测量值与参照水平面进行对比，结果表明海面并不是水平的，而是在凸起的洋底上堆积而成的起伏表面。利用卫星探测的海洋表面测量值，人们可以绘制海底的细节图像。

哇哦！

"地球"号钻探船最大的钻孔深度超过了世界最高峰珠穆朗玛峰的高度。

水肺潜水

我们有能力潜到海面以下亲眼看看海洋世界，这为我们了解海洋提供了极大的帮助。20世纪中期，潜水设备的开发让我们渴望了解海洋的愿望变得切实可行。有了这些设备，潜水员就可以轻松地潜到30米以下的海底，开启了海底探索的新纪元。

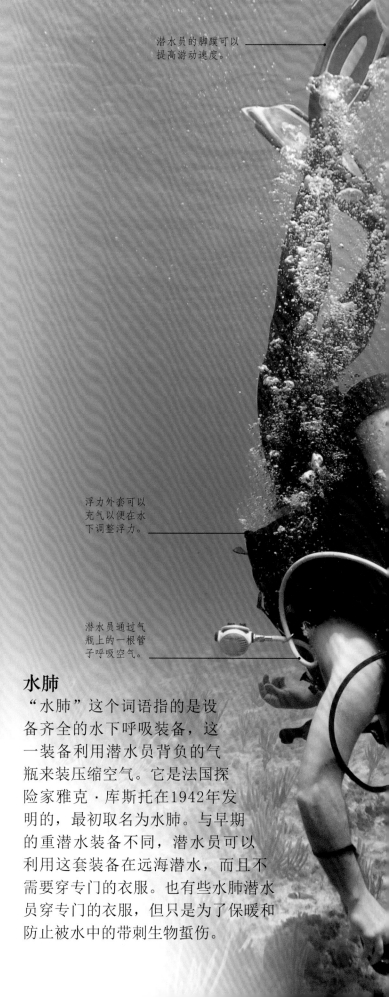

潜水员的脚蹼可以提高游动速度。

浮力外套可以充气以便在水下调整浮力。

潜水员通过气瓶上的一根管子呼吸空气。

重潜水员

过去，潜水员潜水时穿着全套防水衣，带着密封的金属头盔，头盔中的空气是通过船上的一根橡胶管输送进来的。笨重的潜水靴不仅可以防止潜水员浮到水面，还可以让他们在海床上行走。对于测量海港围墙等静态工作，这身装备非常有用。但如果是探索海底世界，它们就丝毫不起作用了。

水肺

"水肺"这个词语指的是设备齐全的水下呼吸装备，这一装备利用潜水员背负的气瓶来装压缩空气。它是法国探险家雅克·库斯托在1942年发明的，最初取名为水肺。与早期的重潜水装备不同，潜水员可以利用这套装备在远海潜水，而且不需要穿专门的衣服。也有些水肺潜水员穿专门的衣服，但只是为了保暖和防止被水中的带刺生物蜇伤。

亲密接触

自从发明了水肺系统后，潜水员可以亲眼见到很多种海洋生物，给它们拍照。在以前，他们只能用钓鱼线和渔网捕获已经死亡或是即将死亡的海洋生物。潜水员们还可以观察这些动物的行为，通过录像进行记录。我们在电视上看到的大部分海洋生物的影像都是由水肺潜水员用图中这种特制水下照相机拍摄的。

哇哦！

水肺潜水员透过面具可以观察到鱼类和其他物体，只不过观察到的比它们本身要大些，距离也更近些。

气瓶中的空气让潜水员至少可以潜水30分钟。

潜往过去

水肺潜水也使水下考古发生了变革。古城遗址和沉船通常会被厚厚的沉积物掩埋，其中很多是被业余水肺潜水员发现的。经过专业潜水团队艰苦细致的挖掘，这些发现终于能够重见天日，而这些专业潜水员所用的也只不过是相同的基础水肺设备。在浮出水面之前，潜水员们会用照片或特殊的海底绘画技术对每一个发现的位置进行记录。这些发现为人们了解过去提供了独特的视角。

◀ 古代玻璃

一个潜水员正在处理玻璃残骸——11世纪在土耳其沿岸沉没的一艘船只上的玻璃残骸。船上装满玻璃器皿，很多玻璃罐仍然保存完好。

冰下潜水

水肺潜水员甚至还在极地漂浮的海冰下进行探索，遇到过一些神奇的生物，如这只白鲸。他们需要穿特制的防护衣来抵御严寒，但是水的温度一直都在冰点以上，因此这里不比其他海洋寒冷，甚至比冰上更温暖。

深海潜艇

水肺潜水员无法潜到水面下很深的地方，因为他们的身体没有任何保护，无法承受深层水产生的巨大压力。深海探索需要一种名为深海潜艇的特殊舰艇。这种潜艇是为了在海底进行科学研究而专门设计的，它们比军用潜艇潜得更深。有的潜艇可以载人，但是其他的只能由海面上的船只通过视频技术远程控制。

海洋和人类

潜入海底

第一艘能够抵抗深海强大压力的潜艇被称为深海球形潜水器，它是由美国工程师奥蒂斯·巴顿在1928年设计的。这个深海球形潜水器用钢铁铸成，有76厘米厚的窗户，通过一条钢丝绳悬挂在一艘轮船上。自然主义者威廉·毕比（图中左侧）和巴顿（图中右侧）利用这个潜水器对生活在弱光层的生物进行了初步研究。

完全控制

全控型"阿尔文"号拉开了现代深海探索的序幕。"阿尔文"号归美国海军所有，但服务于伍德霍尔海洋研究所。1965年，它开始了第一次深潜水。与深海球形潜水器一样，"阿尔文"号也有一个抗压舱，只不过舱内还有一个配备了探照灯、照相机、链钩和取样篮的机动船体。"阿尔文"号现在仍在服役，到目前为止它已经完成了4600多次潜水，包括首次载人对已沉没的远洋游轮"泰坦尼克"号进行探测。

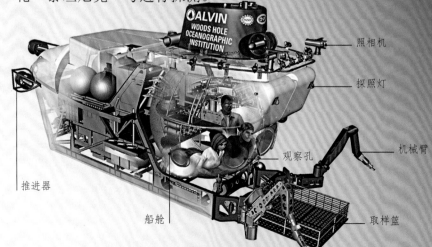

照相机

探照灯

机械臂

观察孔

推进器

船舱

取样篮

深海潜水

不少潜艇与"阿尔文"号相似，如日本的"深海6500"号、俄罗斯的两艘"和平"号和澳大利亚的"深海挑战者"号。它们之所以被设计出来，主要是为了载人潜入太平洋最深处进行探索。

◀ "深海挑战者"号
2012年，电影导演詹姆斯·卡梅隆利用这艘潜艇潜到马里亚纳海沟底部。

"深海挑战者"号上端很高，装着电池和一排排高科技照明设备。

两个移动式扒杆由驾驶员控制，扒杆上装有一个大功率聚光灯和一个3D摄像机。

抗压舱是一个1米宽的钢球，大小足以容纳一名驾驶员。

远程视图

建造能够确保船员安全的潜艇耗资巨大，因此当前已建成的载人潜艇非常少。利用与母船显示屏相连的遥控潜艇比较容易些。这些潜艇也可以探索沉船和其他地方，而利用载人潜艇来考察就太过危险。

新发现

如果没有深海潜艇，我们就无法知道深海海底是什么样子的，无法知道那里生活着哪些生物。例如，20世纪70年代，"阿尔文"号上的科学家们发现了大洋中脊上喷发而出的黑烟囱，首次目睹并收集了栖居在黑烟囱周围的一些神奇的野生动物。

▶ 隐藏的世界
透过"阿尔文"号的舷窗可以看到机械臂正在工作。它正在收集一些矿物质的样本，这些矿物质正从太平洋东北部胡安·德富卡海岭上的黑烟囱中喷出。

历史上的沉船

发现、挖掘并打捞沉船是海洋探索中最令人兴奋的工作之一。有些沉船位于沿岸浅海海域，水肺潜水者可以到达那里，而其他的已经沉入了深海，直到近些年通过深海潜艇才得以发现。

"凯里尼亚"号
古代船骨

沉没时间　公元前300年左右
深度　33米
发现时间　1965年

一位水肺潜水员在地中海塞浦路斯岛附近海域发现了这些船骨，它们是一艘2300多年前沉没的希腊商船的残骸。沉船上打捞出的酒罐和其他物品让我们看到了古代世界人们的生活状态。

"玛丽·罗斯"号
都铎战舰

沉没时间　1545年
深度　11米
发现时间　1971年

"玛丽·罗斯"号是英国亨利八世时代海军旗下最大的战舰之一，它在一次海战中失事，沉没于英吉利海岸附近。"玛丽·罗斯"号停靠在海岸的一边，半个船身都被淤泥掩埋。裸露的船骨很快就被腐蚀了，但是被掩埋的部分保存完好，直到1982年才被打捞起来。

"瓦萨"号
神奇的幸存者

沉没时间　1628年
深度　32米
发现时间　1956年

瑞典战舰"瓦萨"号第一次出航时，离开斯德哥尔摩港口的码头后仅航行了1.3千米就沉没了。这是一次全国性的灾难。这艘木船在海床上躺了333年，不过幸亏波罗的海海域既寒冷又不通风，裸露的船骨才没有被海洋生物破坏。也正因如此，1961年"瓦萨"号浮出水面时，船只以及船上大部分设备和装饰性雕刻都保存完好。

◀ 船舶博物馆
"瓦萨"号经修复后被存放在瑞典斯德哥尔摩的一个专门的博物馆中。船上大部分骨架都是原物，只不过用化学药品进行了处理，防止它腐烂。

"海尔德马尔森"号
沉没的宝藏

沉没时间　1752年
深度　水下不到10米处
发现时间　1985年

这艘沉船上的货物价值连城。18世纪，荷兰商船"海尔德马尔森"号在新加坡附近沉没，船上装载着中国瓷器和黄金。船只被打捞起来之后，这些物品在1986年被拍卖，价格为1000万英镑。船上还装载着茶叶，在那个时代，这些茶叶比黄金还贵重。

"中美洲"号
遗失的黄金

沉没时间　1857年
深度　2200米
发现时间　1988年

当明轮蒸汽船"中美洲"号因飓风沉没在美国大西洋沿岸时，船上正载着10吨从美国加利福尼亚开采的黄金。沉船位于深水区，部分货物（如图所示）已被遥控潜水器发现。发现的黄金的价值目前已超过6500万英镑。

"泰坦尼克"号
沉入深海

沉没时间　1912年
深度　3784米
发现时间　1985年

在所有沉船中，最著名的要数"泰坦尼克"号。在它的处女航中，"泰坦尼克"号全速航行，撞上了大西洋北部的冰山，沉入了海底。这艘轮船是通过遥控潜水器发现的，"阿尔文"号和"和平"号载人潜艇也参与了勘探、拍照和录像。在沉船的位置上还发现了一些其他的东西。

▶ 幽灵船
"泰坦尼克"号船首的扶手仍然完好无损，但是宽阔的船体已经生锈，而且非常脆弱，稍微靠近就可能会崩塌。

海洋矿产

海洋是有用矿产的重要来源。这些矿产既有建筑工业所需的沙子和砾石，也有极其贵重的宝石。有些矿产已经被开采了数个世纪。但是，其他矿产藏在海洋更深处，要想获取这些矿产，必须投入远远超过矿产资源本身价值的资金。

海盐

数百年来，居住在海岸附近的居民将海水转化为可以食用的海盐。海水进入被称为盐田的浅水池中，盐水池在太阳的暴晒下变得干涸。水分蒸发，只剩下盐晶。这些盐晶沉积后装袋。这种简单的工业在很多沿海地区仍然非常重要。

▼ 盐田工
越南海岸上的盐田工必须穿着胶靴戴着手套，否则他们的皮肤会被腐蚀。

海水淡化

海水中含盐，因此不能饮用。但是，去掉海水中的盐以后可以得到淡水，这个过程被称为海水淡化。它需要耗费巨大的能量，但是对于中东地区石油资源丰富的沙漠国家来说，这根本不是问题。在那些地区，海水淡化是获得淡水的唯一来源。这张鸟瞰图展示的是位于沙漠海岸的海水淡化工厂。近些年安装的一些设备可以利用太阳能，在炎热干燥的国家，太阳能唾手可得，但是这种技术仍然有待改进。

贵重金属

海水中含有很多可以形成微粒的溶解性矿物质。这些矿物质可以吸引其他的微粒，经过数百万年的演变，变成了拳头大小的块状物，沉积在海底。这些沉积物中含有锰金属等各种贵重金属，也就是人们所说的锰结核。不过，这些结核形成于深海，因此采集难度非常大，而且需要大量资金，就像从大洋中脊喷发而出的黑烟囱上形成的那些矿物质一样。

闪闪发光的奖品

在非洲西南海岸，金刚石是从海中开采的。这些金刚石最初是形成于陆地上的岩石，经过岁月的洗礼，这些岩石都被腐蚀了。金刚石就随着河流向下流入海岸区，散落在沿海海床的沙砾中。这些金刚石需要用专门的船只进行挖掘，然后将其与沙砾分离，就可以获得很多八边形的完美金刚石结晶。

哇哦！

位于非洲西南部的纳米比亚拥有世界上最丰富的海洋金刚石资源。

沙子和砾石

在世界各地，大量的沙子和砾石从浅海海床上被捞起来，运回海岸卸载。这些原料可以用来制造混凝土和其他建筑材料，也可以用来筑路。沙子还可以用来制造玻璃，因为它的成分通常是纯石英——玻璃的主要成分。

海洋能源

在海洋给我们提供的重要资源中，有一项资源就是我们的工业、交通和现代生活所需的能源。浅海海岸海域的海底岩石中存储着大量石油和天然气。海风可以推动涡轮机发电，潮汐能、海流能及波浪能都具有同样的功能。

风力

来自海洋的风比来自陆地的风更加强劲、稳定，因此浅海海岸海域成为安装风力发电涡轮机的理想场所。有些海上风电场拥有100多台巨型风力发电机，每台所发的电量可供10万个电水壶同时烧水。

▶ 海上风电场
这些风力发电机在浅海海域抛锚，通过海底电缆与海岸相连。

石油和天然气

海底岩石中埋藏着海洋生物残骸，这些残骸可以转化为石油和天然气——工业所需的重要燃料和原料。它们可以通过图中这种油井进行开采，油井可以直立在浅海海床上，或漂浮在更深的水域中。现代油井和天然气钻探塔可以在水下3000米处进行作业，并钻入海床下5000米深的地方。

▶ 兰斯水坝
位于法国圣马洛湾的兰斯水坝于1966年启用，是世界最早的潮汐发电站，此后一直正常运转。

哇哦！

海上风力发电机的旋转叶片有100多米长，与7辆校车的长度相当。

潮汐能

流动的水冲击力非常强，一旦水流进海洋，就很难控制。最有效的方法就是当潮水涌入或流出河口三角洲时，充分利用潮水产生的能量。在法国的圣马洛湾，上涨的潮水穿过河口后流进水坝，潮水褪去时，水又会从水坝中流出，这样就可以发电了。

海流

海流就像是在全球流动的大河。墨西哥湾流非常强大，在未来，人类可能会利用它来推动与发电机相连的水下转子。这一系统提供的电量与核电站发出的电量相当。

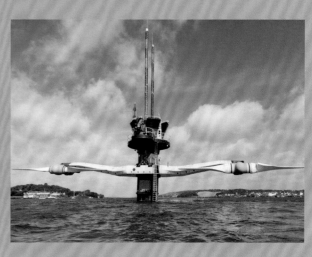

▶ 升起的转子
海流发电机的转子升上了水面，正在进行维修。

波浪能

海浪非常强大，但是也极具摧毁力。要想将波浪能转化为有用的能源并非易事。其中，最成功的系统就是利用波浪向水管中打气，从而产生推动涡轮发电机运行的高压。这些发电机在两个方向——当波浪冲进这个系统或退出该系统时——都会产生电流。

空气被挤出涡轮发电机。

波浪冲刷着海岸。

流入阶段

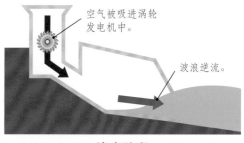

空气被吸进涡轮发电机中。

波浪逆流。

流出阶段

渔业

数千年以来，海鱼一直是我们饮食的一部分，而且在世界某些地方，采用传统方法仍然可以捕捉到足够的鱼，满足当地居民的需求。但是，更大数量的鱼就要通过船只和渔网来捕捉，因此现在海洋渔业已经变成了一项重要的产业，使用以先进科技为基础的巨大船只捕鱼。不过，过度捕捞也会威胁某些物种的数量。解决这一问题的办法就是饲养鱼类、贝类水生动物和其他种类的海产品，捕捞这些海产品不会破坏野生鱼类的数量。

传统方法
在海岸附近的浅海海域，渔民正在用一个带着鱼漂的渔网围住一小群鱼。在海滨生活的人一直采用一些简单的方法来捕鱼，如手工制成的渔网、绑着鱼饵的鱼线和鱼叉。

近海渔业
很多海岸地区的小渔船组成了船队。船队每天会出海几个小时，然后返航，卸下捕到的鱼。渔民们使用的是简易的渔网和鱼线，如果他们所捕的鱼只满足当地市场供应，鱼类数量就不会受影响。

▶ 大丰收
在位于越南中南部海岸附近的美奈镇，船队安全地停靠在港口，村民正在收集渔民们早上捕获的海鱼。

饲养贝类
自从人类出现在地球上以来，他们就已经开始捕捉蛤蚌、帽贝和其他野生贝类了。但是，很多贝类其实也非常适合人工养殖，尤其是贻贝，它们天生就依附在岩石和其他坚硬的表面上。如果有木桩、木筏和绳子，它们就会很乐意依附在上面，收集自己所需的食物。当潮水消退时，支撑物露出水面，贻贝就很好捕捉了。

◀ 贻贝养殖场
在这个法国海滩上，绕在木桩上的绳子非常牢固，足以支撑数千只人工养殖的贻贝。

鱼类养殖场

鲑鱼和其他海鱼可以放在海岸附近的水下笼子中养殖。潮水不停地冲刷笼子，有助于鱼类健康成长。但是，它们还是需要养殖者提供食物，大量的鱼类也会影响当地的野生动物。

海洋捕鱼船队

世界上可食用的鱼大部分是由大船组成的船队或专门的鱼类加工船捕捞的。这些船队每次在海上待几个月，在此过程中会捕捞许许多多的鱼，因此他们会在船上对这些鱼进行加工冷冻。虽然环绕着南极大陆的南大洋波涛汹涌，但是这些船队仍然会在这里捕鱼。

◀ 工业规模

这艘阿拉斯加围网渔船正在用一张袋状的渔网将一整群野生鲑鱼从海中捞起来。

哇哦！

每年，全球的捕鱼船队可以捕捞2.7万亿条鱼，共有8300万吨重。

PAMELA RAE

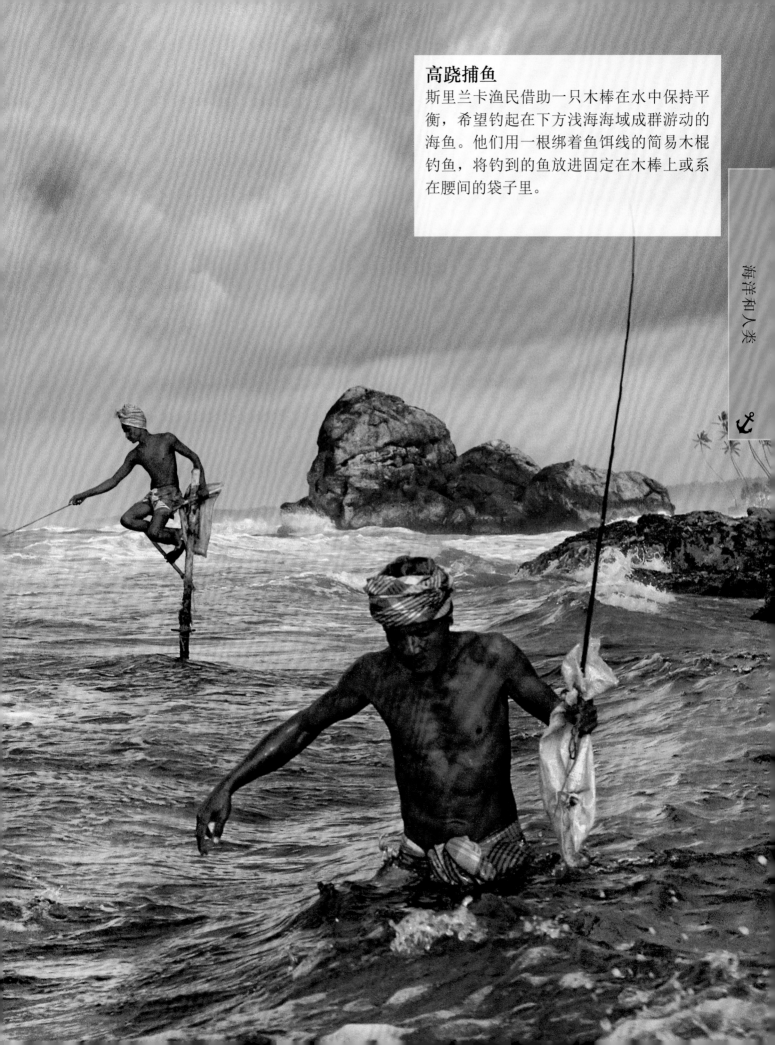

高跷捕鱼

斯里兰卡渔民借助一只木棒在水中保持平衡，希望钓起在下方浅海海域成群游动的海鱼。他们用一根绑着鱼饵线的简易木棍钓鱼，将钓到的鱼放进固定在木棒上或系在腰间的袋子里。

海洋贸易

数百年来，海洋一直是人类的贸易航线，成为各国之间交流的重要纽带。轮船仍然是运输石油和汽车等沉重货物的最佳工具，除此之外，轮船也可以装载其他贸易商品。这些商品通常装在庞大的钢制集装箱里，可以很容易地通过吊车卸载，装进卡车通过公路转运。

贸易航线

几个世纪以来，各大洲之间的主要贸易航线都是由信风决定的，这些信风是帆船航行的推动力。例如，上图中的帆船在偏东信风的作用下，自东向西跨越热带地区；而寒冷的海洋上盛行西风，在西风的作用下，帆船可以实现自西向东的航行。虽然现代轮船不用担心风向问题，但是它们仍然需要充分利用海流来航行。

集装箱船

重量轻的货物进行长途运输时，主要是通过空运来实现，尤其是容易腐烂的食品，如水果。但是，很重的货物最好是通过海路运输，因为水能支撑轮船，这样轮船就能装载重量巨大的货物。轮船使用的燃料只需保证轮船航行时的消耗——不像飞机，即便是在空中停留，也需要耗费很多燃料。虽然轮船速度慢，但是对于许多货物而言，这并不是问题。一个船队就像一条浮动的传送带，几乎可以毫不间断地输送货物。

一艘大货船可以装载19000多只集装箱

▶ 重载货物

装满货物的集装箱承载了巨大重量，对于这艘专门的集装箱船而言，满载货物的集装箱就是一种标准货物。

哇哦！

世界上最大的货船是地中海航运公司的"奥斯卡"号，它的长度比4个足球场还长。

贸易港

世界上大部分海岸城市都是在海洋贸易创造的财富上建立的。很多城市仍然拥有繁荣的贸易港，不过大部分现代货船都停靠在专门的集装箱码头，码头上配备有专门处理特定类型货物的设备。图中这个港口有可以装卸集装箱的专用起重机。

漂浮旅馆

搭乘庞大而缓慢的客轮曾是人们进行洲际旅行的唯一方式。现在，大多数人选择速度快得多的航空旅行，不过豪华游轮也越来越受到人们的欢迎。它们就像巨大的漂浮旅馆，一连数天带着游客尽情游览各种充满异域风情的景点。

海上抢劫

有了精确绘制的海岸灾难带地图和不断改进的电子导航系统，现在的海上贸易比过去安全得多。但是，在世界某些地方，轮船仍然面临风险，可能遭到海盗袭击。一旦遭遇袭击，轮船就会打开水龙管喷水，阻止海盗爬上船，并逮住海盗的首领。

海洋危机

海洋如此广阔，人们一度认为无论我们对它做什么都不会产生任何影响。但是，在污染、过度捕捞和沿海开发的共同作用下，很多海洋栖息地都遭到了破坏，一些海洋野生动植物也因此而灭绝。在世界某些地方，大城市附近的大片海床已变成了有毒的水下沙漠。

过度捕捞

现代捕鱼业非常高效，以至于鱼类种群遭受了破坏。一艘现代大渔船撒一次网就可以逮住一整群鱼。如果这种情况持续下去，到了2050年，人类将没有鱼可以捕捞。同时，很多海鸟、海豚、海豹和海龟也会被渔网和鱼线困住，并因此而丧命。

海水污染

未经处理的污水直接排入海洋，这些污水不仅含有能引发疾病的微生物，还含有能够促进某些浮游生物生长的物质，这些浮游生物会引发图中这种有毒"赤潮"。一旦这些浮游生物死亡，尸体在腐化过程中就会耗尽水中的氧气，导致海洋生物死亡。

塑料成灾

大量的垃圾进入了海洋，其中很多垃圾会随着海流在海上漂浮多年。尤其是塑料，它们既不会生锈，也不会腐烂，最后会被冲到世界各地的海滩上。这些垃圾成了海洋生物的致命陷阱。例如，海豹会被废弃的漂浮渔网困住，通常会因为无法游回海面呼吸而溺亡。

被污染的水域

失事油轮或受损的海上石油钻井平台造成的突发性石油泄漏使海洋生物惨遭毒害，海滩也受到了污染。工业废弃物被非法倒入海洋中，这些废弃物中同样含有危险物质，会导致鱼类和其他动物死亡。

▲ 石油泄漏
挪威巨型油轮"梅加博格"号在墨西哥湾发生漏油事故，泄漏的石油引发的火灾最后被消防员扑灭了。

▲ 红树林被破坏
为了修建度假村，红树林被砍伐，很多动物的自然栖息地遭到破坏，裸露的海滩也遭受了热带风暴的无情侵袭。

海岸开发

世界上的海滨区像磁铁般吸引了游客，因为可以从游客那里赚到钱，海岸地区也在进行深度开发。很多野生栖息地，如这片红树林，因修建度假村而被破坏。此外，海岸开发也产生了越来越多的污染物，如废水和垃圾，导致了海洋污染，使附近的海草和珊瑚窒息而亡。

死亡区

有些大河被工业化学品和农药严重污染，甚至河流入海口的海床也被污染了。在这些死亡区中，最臭名昭著的就是墨西哥湾。墨西哥湾位于美国密西西比河入海口附近，面积达22000多平方千米。

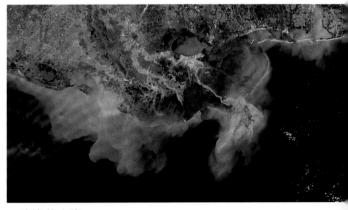

▲ 有毒的水流
这是一张从太空拍摄的俯瞰图，显示了从密西西比河流入墨西哥湾的淤泥和污染物。

239

气候变化

全球在不断变暖，这些气候上的变化可能会威胁到海洋栖息地和沿海城市。全球变暖可能会使极地冰川融化，海平面上升，而这又会导致一些岛屿被淹没在水下。由于海洋变暖，飓风和其他风暴发生得越来越频繁，强度也越来越大，珊瑚礁也受到了危害。同时，不仅空气中的二氧化碳含量不断上升，海洋的酸度也会升高，可能导致很多海洋生物灭亡。

冰川融化

南极和格陵兰岛的极地冰盖正在融化，北极圈中的海冰也在不断变薄。2012年9月，时值北半球的夏末，北冰洋上被寒冰覆盖的面积达到有史以来的最低纪录。冰层面积不断缩减，这会给北极的野生动物带来巨大影响，尤其是在浮冰上捕猎的北极熊。

▲ 淹没的街道

夏季的暴雨使孟加拉国的很多城市遭受了洪灾，如图中的孟加拉国首都达卡。而且，由于海平面上升，很多城市将不再适合人类居住。

海平面上升

大陆冰盖融化，融水流入大海，全球海平面上升。下个世纪，海平面可能会至少上升1米。这1米的涨幅会使海水淹没孟加拉国70%的国土。纽约、伦敦和上海等很多沿海城市也将面临洪水的严重威胁。一些低洼的岛屿国家可能会彻底消失。

▲ 北半球的飓风
2012年，加勒比海上形成的飓风"桑迪"向北横扫美国，美国东北部缅因州的海岸遭受了严重侵袭。

风暴的威力

夏末，水汽从温暖的热带海洋上空升起，促进了飓风的形成。随着全球气温升高，海洋表面的水将会变暖，因此每年可以形成水汽的时间将会更长，面积也会更广。这又可能导致气候变化，在未来引发更多的风暴。而在温度最高的地方，风暴将会更加剧烈。随着较凉爽的海洋不断变暖，飓风也将开始影响那些目前处于飓风区外的区域。

哇哦！

一些科学家预测，到2050年，全球变暖将使北极圈所有的夏冰融化。

珊瑚礁白化

温暖的海域非常奇特，那里的珊瑚礁会排出为它们提供食物的小海藻，导致珊瑚变白。只有海水再次冷却，珊瑚礁才会恢复，否则珊瑚就会死亡。近些年，这种现象发生过很多次，而且以后每年可能都会发生。科学家警告，不到100年，这种珊瑚礁白化现象将会毁掉全球大部分的珊瑚礁。

酸浴

大气层中二氧化碳气体含量不断增加，引发了全球气候变暖。虽然二氧化碳被海水吸收了，但是它与水混合后生成了碳酸。在碳酸的中和作用下，海洋的碱性变弱，海洋中可溶解的白垩（一种矿物）也因此减少，而这些白垩是贝类水生动物形成贝壳以及珊瑚礁形成骨骼的必需成分。因此，对许多海洋生物和所有依赖珊瑚礁获取食物的动物来说，这无疑是致命的。

▶ 贝类受到威胁
海水冲刷着由碱性矿物质构成的贝壳。在未来，海洋中的这些矿物质将会变得稀少。

海洋保护

我们的未来依赖于健康的海洋及它提供的鱼类。海洋是食物链的一个重要组成部分，它不仅能够维持人类生存，还供养了陆地上的动植物。令人欣慰的是，很多人正在全力保护海洋和海洋生物。我们所有人都可以参与其中，如清理那些最终可能进入海洋的垃圾，只购买大量供应的鱼类，少燃烧一些会导致全球变暖的化石燃料。

更安全的捕鱼方式

随着科技的进步，被渔船不小心捕捉到的海鸟、海豚和海龟的数量在不断减少。有些渔网是经过专门设计的，海豚和海龟可以从网中逃脱，这样它们就不会因为被困住而溺亡。那些长长的多钩鱼线最初会诱捕信天翁，但是后来上面安装了专门的吓鸟器，可以防止鸟类扯咬诱饵。

伸出援助之手

我们所有人都应当竭尽所能，为海洋保护做贡献。对于某些人来说，这可能是指清理附近海岸上的垃圾。大量塑料垃圾最终都进入了海洋，但是这种垃圾不会腐烂，它们会困住很多海洋动物，并使动物窒息而亡。例如，棱皮龟会吞食塑料袋，因为这些塑料袋看起来很像水母，而水母又是它们主要的食物。

安全海域

浅海海域的一些地方被设为海洋保护区，该区域内禁止捕鱼。这样，保护区的野生动物就可以繁荣生长。保护区四周没有任何防护，保护区中的鱼和其他动物可以扩散到附近海域，这也极大增加了鱼类种群数量。因此，在海洋中的某些地方设立禁止捕鱼区确实可以提高附近区域内的捕鱼量。

干净海域

海洋保护的一个重要部分就是防止海水污染。例如，污水直接倒入沿海海域，工业化学原料进入河流后流入海洋，这些污染物为海洋生物制造了一个有毒的环境。现在，很多国家已经制定了相关法律，确保正确处理污水，防止污水进入海洋。

▲ 被污染的河流
一座亚洲铜矿排出的污染物流进曾经一度非常干净的河流。最后，这些污染物涌入海洋，使海洋生物窒息并中毒。

保护海岸

在某些地方，沿海地区大开发几乎已经无法控制。度假村在荒芜的海岸地带遍地开花，但是由于缺乏适当的排水系统等基础设施，这些度假村不仅造成了污染，还影响了海滨区美丽的自然风光。不过，当地政府逐渐意识到保护资源非常重要，因此这种大开发行为也在发生变化。他们保护的资源主要是海岸线和海岸线上生活的野生动植物。很多现代度假村都经过了精心规划，希望尽可能地减少对自然界造成的不良影响。

圈养繁殖

通过圈养繁殖后放生野外的方式可以拯救
一些濒临灭绝的海洋动物。特别是海龟，
它们正处于危险中，1000只海龟宝宝中仅
有一只能活到成年。这些圈养繁殖的绿海
龟被放回海洋后，很有可能会存活下来。

词汇 按英文原版书顺序排列

Abyssal plain 海底平原 深海海底的一块平地，位于大陆架之外，深度为4000~6000米。

Algae 海藻 一种像植物的生物，可以利用光能制造食物。大部分海藻都是单细胞生物。

Anemone 海葵 一种与水母关系密切的海洋生物，可以依附在坚硬的表面，利用带有毒刺的触手捕食。

Antennae 触手 长长的感觉器官，可以探测到周围的动静，有时候也可以探测到水中或空气中的化学物质。

Archaea 古菌 细胞核无核膜，形态与细菌类似的单细胞生物。

Archaeology 考古学 通过科学挖掘和分析古代遗址来研究人类历史的一门学科。

Atoll 环礁 一座由珊瑚礁组成的环形岛屿，这些珊瑚礁通常生长在沉没的死火山上。

Auk 海雀 一种类似北极海鹦的海鸟，可以在水下游泳。

Baleen 鲸须 某种体型庞大的鲸鱼所拥有的纤维物质，可以用来替代牙齿，从海水中过滤食物。

Barnacle 藤壶 虾和螃蟹的近亲，它们会紧紧地依附在坚硬的表面。

Basalt 玄武岩 一种笨重的黑色火山岩，以熔岩的形式从海底火山中喷发出来，形成了洋壳。

Bedrock 岩床 一种坚硬的岩石，位于近期形成的较为柔软的物质（沉积物）下面。

Bioluminescence 生物发光 生物产生的一种光。

Bivalve 双壳类 是指蛤蚌等双壳类软体动物，贝壳之间通过铰合部连接。

Calving 崩裂 冰山从冰川漂浮端断裂的过程。

Camouflage 伪装 生物用来躲避捕食者的花纹、身体形状或颜色。

Carbon dioxide 二氧化碳 大气层中自然存在的一种气体，主要是由生物体呼吸或人类活动产生的，如燃烧化石燃料。

Cell 细胞 生命的最小单位。它可以以单细胞的形式存在，也可以成为更复杂的生物体的一部分。

Cephalopod 头足动物 一种软体动物，如章鱼，拥有一些带吸盘的腕和相对较大的脑袋。

Chalk 白垩 一种柔软的石灰岩，由极其微小的海洋生物（颗石藻）的骨骼构成。

Chitin 甲壳质 构成甲壳动物坚硬外骨骼的物质。

Chlorophyll 叶绿素 一种可以吸收光能的物质，一些生物利用它进行光合作用生成糖类。

246

Chloroplast 叶绿体　植物细胞或藻类细胞中的微小细胞器，含有叶绿素，可以生成糖类。

Cnidarian 刺胞动物　一种海洋动物，包括水母和珊瑚虫。

Coccolithophore 颗石藻　一种拥有石灰质骨骼的微型海洋生物。

Colony 群体　一起生活的一类动物或其他生物体。

Comet 彗星　一个主要由冰和尘埃构成的物体，围绕太阳运行，后面拖着一条闪闪发光的彗尾。

Compound 化合物　两种或两种以上元素的原子通过化学键构成的物质。例如，糖是由碳、氢和氧构成的化合物。

Continental crust 陆壳　一块由较轻的岩石构成的厚岩板，漂浮在地幔较重的岩石上，构成了大陆。

Continental drift 大陆漂移　大陆被地壳的活动板块拖曳着在全球缓慢运动的过程。

Continental shelf 大陆架　大陆上被水淹没的边缘，在近岸海域中形成了相对较浅的海底。

Continental slope 大陆坡　大陆架的边缘，向海底倾斜。

Convection 对流　温度差异导致的气态或液态环流，如大气环流、水环流，甚至是炙热岩石的运动。

Convergent boundary 会聚边界　两个相对运动的地壳板块之间的边界，通常伴随有地震和火山。

Copepod 桡足动物　大群生活在一起的小型甲壳动物。

Coral 珊瑚　一种小的海洋生物，通常拥有石灰岩构成的坚硬基地，形成珊瑚群落。经年累月，这些石灰质累积，形成了珊瑚礁。

Coral reef 珊瑚礁　由拥有石灰质骨骼的珊瑚构成的岩石块，养育了许多其他种类的海洋生物。

Courtship 求偶　一种动物行为，通常是指雄性动物的行为，目的是赢得伴侣来繁衍下一代。

Crustacean 甲壳动物　这种动物拥有坚硬的内骨骼和成对的节状腿，如螃蟹和虾。

Cyclone 气旋　一种由云层、大雨和强风构成的天气系统，是由空气进入暖湿上升气流区形成涡旋引起的。

Diatom 硅藻　一种单细胞海洋生物，与浮游植物一起在海中漂移。细胞壁由二氧化硅构成。

Dinoflagellate 鞭毛藻　一种与众不同的单细胞海洋生物，与浮游植物一起在海中漂移。

Divergent boundary 离散边界　两个反向运动的地壳板块之间的边界。

Dormant 休眠　不活动。

Dorsal fin 背鳍　鱼或鲸鱼背上的一条鳍。

Dune 沙丘　被风堆积而成的一堆沙子。

Echinoderm 棘皮动物　一种带棘刺的动物，如海星和海胆。

Echolocation 回声定位　通过发射声脉冲并检测回声的方式来定位水中或空气中的猎物或其他物体。回声可以形成目标物的图像。

Echo-sounding 回声探测　通过向海底发射声脉冲并检测回声的方式来确定水深。根据回声传播的时间可以判断出水深。

Ecosystem 生态系统　生物在自然环境中形成的相互影响、相互制约的统一整体。

Ekman transport 埃克曼输送　水流运动的一种方式，水流动时会随着深度的变化发生向右或向左的偏移，因此深层水与表层水的流动方向不同。

Estuary 河口　河流入海口。

Evaporate 蒸发　液体表面的物质转变为气态的汽化过程。

Evolution 进化　生物随时间不断演变的过程。

Excavate 发掘　通常是指仔细而有组织地挖掘，让被埋藏的遗迹显露出来。

Fault 断层　岩石上的一处断裂。在断层上，两侧岩块发生相对位移。

Fjord 峡湾　被冰川磨蚀出的一条幽深的峡谷，之后被海洋淹没。

Fossil 化石　生物的遗体或遗迹，这些生物经历了正常的腐化过程，以化石的形式保存下来。

Fracture zone 断裂带　海洋转换断层的一个地带。这些断层沿着不断扩张的大洋中脊向更远处延伸。

Gastropod 腹足动物　一种依靠长长的肌肉质腹足爬行的软体动物，如海螺。

Geyser 间歇泉　一股热水或蒸汽从火山热熔岩中喷出。

Glacier 冰川　由逐渐向下流动的积雪形成的庞大冰块。

Granite 花岗岩　一种坚硬的岩石，是组成陆壳的主要岩石之一。

Gyre 环流　一种大规模的海流循环模式，北半球呈顺时针方向运动，南半球呈逆时针方向运动。

Harpoon 鱼叉　一种捕鱼工具。

Herbivore 食草动物　一种以植物和藻类为食的动物。

Hotspot 热点 由地壳下面一股平稳的热流引发的火山活动区。

Hurricane 飓风 一种强烈的热带风暴。

Ice sheet 冰盖 覆盖在陆地上的一层巨大而深厚的冰层。

Iceberg 冰山 冰川或冰架的一部分，断裂后在海上漂浮。

Incubate 孵化 使受精卵保持温暖，使它发育并孕育出动物幼体。

Invertebrate 无脊椎动物 一种体内没有脊柱的动物。

Island arc 岛弧 地壳上两个板块交界处形成的一长串岛屿。由于火山运动，一个板块俯冲到另一板块下，该板块破裂后形成了岛弧。

Keratin 角蛋白 构成指甲、头发和龟壳的自然物质。

Lagoon 潟湖 与海洋分割开来的一片浅海海域。

Lava 熔岩 从火山中喷发出的熔化岩石。

Limestone 石灰岩 由方解石构成的岩石，可以由珊瑚礁组成。

Magma 岩浆 位于地壳内部或地壳下面的炽热熔体。

Mammal 哺乳动物 一种恒温、多毛的脊椎动物，用母乳喂养幼崽。

Mangrove 红树林 各种生长在热带泥滩上的树木，它们已经适应了将根部和树干下半部分浸泡在咸水里。

Mantle 地幔 位于地壳和地核之间的一层厚厚的炽热岩石。

Meteorite 陨石 太空岩石从大气层坠落后撞击地面形成的碎片。

Microbe 细菌 由简单的单细胞构成的微生物，没有显著的内部结构。

Mid-ocean ridge 大洋中脊 海底山脉的一条山脊，由于两个地壳板块之间的裂谷扩张而形成。

Migrate 迁徙 动物为了寻找食物或合适的繁殖地而进行的定期移动或每年一次的移动。

Mineral 矿物质 一种或多种元素以一定比例形成的自然固体，通常具有独特的晶体结构。

Molecule 分子 由一定数量的原子构成的微粒。一个氧原子和两个氢原子构成了水分子。

Mollusc 软体动物 一种大多带有贝壳的身体柔软的动物，如海螺和蛤蚌。章鱼是一种高级的软体动物。

Molten 熔化 对物质进行加热，使物质从固态变成液态的过程。

Naturalist 自然学家 研究自然界的学者。

Northern hemisphere 北半球 赤道以北的地区。

Nutrients 营养物质 生物体的组织生长所需的物质。

Oceanic crust 洋壳 由坚硬的玄武岩构成的相对薄的地壳。这种玄武岩位于地幔之上，形成了海底岩床。

Octopod 八腕目 一种有8条腕的海洋动物，如章鱼。

Omnivore 杂食动物 一种以植物和动物为食的动物。

Ooze 淤泥 由浮游生物等生物的尸体和泥沙形成的一种柔软的沉积物。

Organism 有机体 一种有生命的个体。

Outlet glacier 溢出冰川 从一个体积更大的冰盖上伸出的一座冰川。

Pack ice 浮冰 在封冻的海洋表面形成的漂浮冰块，以浮冰块或固态冰盖的形式出现。

Parasite 寄生虫 一种依靠其他有生命的有机体获取食物的生物，但可能会导致有机体死亡。

Pectoral fins 胸鳍 靠近鱼类头部的一对鳍。

Peridotite 橄榄岩 构成地球深处地幔的岩石。

Photophore 发光体 能够发出光亮的器官。

Photosynthesis 光合作用 植物和藻类利用光能将二氧化碳和水合成糖类的过程。

Phytoplankton 浮游植物 漂浮在海洋或湖泊光照水面的单细胞有机体，可以利用光合作用来制造食物。

Plankton 浮游生物 通常指漂浮在湖泊或海洋表面附近的生物。

Pollutant 污染物 进入水中、空气中或土壤中的废弃物，会危害环境。

Polyp 水螅 一个海葵或单个珊瑚的管状形体。群体珊瑚是由很多水螅组成的。

Predator 捕食者 一种通过杀死其他动物来获得食物的动物。

Prevailing wind 盛行风 绝大多数时间从某一特定方向吹过来的风。

Prey 猎物 被另一种动物吃掉的动物。

Protein 蛋白质 生命体用简单的营养物质生成的一种复杂物质，可以用来形成组织。

Protist 原生生物 通常是指一种比细菌更加复杂的单细胞有机物，但是也包括由多细胞构成的海洋藻类。

Protozoan 原生动物 一种类似于动物的单细胞有机物，通常非常微小。

Radiolarian 放射虫 一种单细胞海洋有机体，捕食方式与动物类似，也同部分浮游生物一样漂浮在海上。

Reptile 爬行动物 动物的一种，包括乌龟、蜥蜴、鳄、蛇和恐龙等。

Rift valley 裂谷 地壳断裂导致部分地壳凹陷所形成的区域。

Rorqual 须鲸 一种大型的滤食鲸鱼，喉咙可以伸展，能容纳大量富含食物的海水。

Satellite 卫星 在太空中绕地球等行星运动的天体。

Scavenger 食腐动物 一种以其他生物的腐烂尸体为食的动物。

Seamount 海山 一座海底活火山或死火山，不会露出水面形成岛屿。

Sediment 沉积物 沉积在海床上的固体微粒。

Shelf sea 陆架海 淹没大陆架的浅海海域。

Shellfish 贝类水生动物 主要指有坚硬的贝壳或外骨骼的海洋动物。

Silica 二氧化硅 由氧元素和硅元素构成的矿物质。

Single-celled 单细胞 只包含一个活细胞。动植物都有很多细胞。

Siphon tube 水管 蛤蚌、乌贼和其他软体动物用来吸水和排水的管子。

Solar system 太阳系 在太阳引力的作用下，环绕太阳运行的天体构成的集合体及其占有的空间区域。

Southern hemisphere 南半球 赤道以南地区。

Subduction 俯冲 地壳上的一个板块插入另一板块下方的地质现象，通常会形成海沟、引发地震或促使火山喷发。

Temperate 温带气候 一种既不太冷又不太热的气候。

Tentacle 触角 动物身体上长长的、可以自由伸展的无骨突起物，有时候上面布满了有毒的刺细胞。

Thermocline 温跃层 海洋下层密度较大、较寒冷的海水与海洋表层密度较小、较温暖的海水之间的界限。

Tidal race 潮汐流 湍急的潮汐海流，伴随有杂乱无章的波浪和漩涡。

Tidal stream 潮汐水流 涨潮和退潮引起的水平流。

Tidewater glacier 入海冰川 流向海岸进入海洋的冰川，最后在潮汐海水上漂浮。

Tissue 组织 在生物学上，是指骨骼、肌肉和植物体等生命物质。

Trade wind 信风 热带海洋上从东吹向西的风。

Tsunami 海啸 通常是指地震引发的极具摧毁力的海浪，有时也可能是由火山喷发或海底滑坡引起的。

Tube feet 管足 海星等棘皮动物体内充满水的管状运动器官。

Tube worm 沙管虫 一种生活在管状物中的海洋蠕虫。

Turbine 涡轮机 一个以水流或气流为动力的转子，可以用来运转发电机。

Unicorn 独角兽 传说中的一种生物，额头中间长了一只角。

Upwelling zone 上升流区 海洋中的一个区域，在此区域中，富含营养物质的深层水被带到海洋表面。

Venom 毒液 在捕食或防御时，动物通过咬或刺注入其他动物体内的有毒物质。

Water vapour 水汽 液态水受热蒸发后形成的气体。

Westerly wind 西风 自西向东吹的风。

Zooplankton 浮游动物 这种动物主要漂浮在水面上，不过有一些也会自由游动。

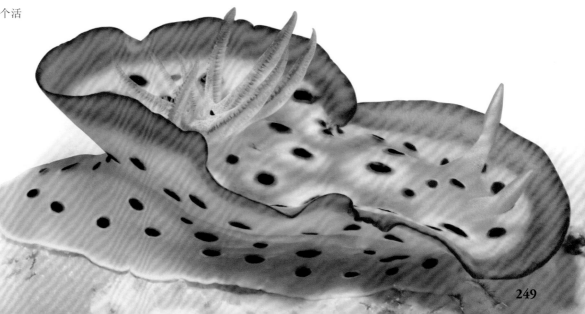

索引

致谢

Smithsonian Institution:
Laetitia Plaisance, Program Manager / Project Scientist, Office of the Sant Chair for Marine Science, National Museum of Natural History, Smithsonian

Smithsonian Enterprises:
Chris Liedel, President; Carol LeBlanc, Senior Vice President, Consumer and Education Products; Brigid Ferraro, Vice President, Consumer and Education Products; Ellen Nanney, Licensing Manager; Kealy Gordon, Product Development Manager

DK would like to thank Jane Evans for proofreading, Carron Brown for the index, Joanna Shock, Vanessa Daubney, and Ira Pundeer for editorial assistance, Neha Sharma, Namita, Vaibhav Fauzdar, Vansh Kohli, and Steve Woosnam-Savage for design assistance, and Bimlesh Tiwary for DTP assistance.

The publisher would like to thank the following for their kind permission to reproduce their photographs:

(Key: a-above; b-below/bottom; c-centre; f-far; l-left; r-right; t-top)

1 Alamy Images: Photoshot Holdings Ltd. **2-3 Getty Images:** Alexander Safonov. **4 Alamy Images:** Aquascopic (cr/shipwreck). **Corbis:** Layne Kennedy (cra). **Dreamstime.com:** Steven Melanson (crb/jellyfish). **Getty Images:** Handout (tr). **NASA:** Hal Pierce (crb). **naturepl.com:** Jurgen Freund (br). **Robert Harding Picture Library:** Frans Lanting (cr). **Science Photo Library:** NASA (cra/Sea). **5 Alamy Images:** Reinhard Dirscherl (ca/kelp); blickwinkel / Schmidbauer (tc); nagelestock.com (cb); Universal Images Group Limited (bc); Ariadne Van Zandbergen (cra/seal). **Corbis:** Georgette Douwma / Nature Picture Library (ca); Jurgen Freund / Nature Picture Library (cb/crabs); Ralph White / Encyclopedia (cra); GM Visuals / Blend Images (cr/diver); Paul Souders (crb/polar bear). **Dreamstime.com:** Dibrova (tr). **Getty Images:** Jf / Cultura (br); Georgette Douwma (c). **OceanwideImages. com:** Gary Bell (c/lionfish). **Photoshot:** Ashley Cooper (crb). **Robert Harding Picture Library:** Pete Ryan (cr). **6-19 NASA:** R. Stockli, A. Nelson, F. Hasler, GSFC / NOAA / USGS (tl/side panel). **6-7 NASA. 7 Corbis:** Stephen Frink (fcla). **Dreamstime.com:** Epicstock (cla). **Science Photo Library:** NOAA (ca).

10 Alamy Images: Danita Delimont (ca). **Bryan & Cherry Alexander / ArcticPhoto:** (b). **NASA:** Jacques Descloitres, MODIS Land Rapid Response Team, NASA / GSFC (cl). **12 Corbis:** Layne Kennedy (ca). **iStockphoto.com:** MichaelUtech (cl). **naturepl.com:** Wild Wonders of Europe / Lundgre (bl). **15 Dreamstime.com:** Ekaterina Vysotina (cra). **Getty Images:** Priit Vesilind (br). **Science Photo Library:** NASA (cb). **17 Corbis:** Bernard Radvaner (tl). **SeaPics.com:** Michael S. Nolan (crb). **18 FLPA:** Tui De Roy / Minden Pictures (cl); Terry Whittaker (bl). **Getty Images:** Handout (cb). **20 Getty Images:** Liane Cary (tl). **20-21 Getty Images:** Aaron Foster. **21 Corbis:** Ron Dahlquist (cla); Don King / Design Pics (fcla). **Getty Images:** Federica Grassi (cra). **22 123RF.com:** Artem Mykhaylichenko (bl). **Getty Images:** Liane Cary (tl). **22-23 Dorling Kindersley:** Surya Sarangi / NASA / USGS (cb). **23 Alamy Images:** Norbert Probst / imageBROKER (cra). **Getty Images:** valentinrussanov / E+ (b). **iStockphoto.com:** BrendanHunter (cr). **24 Getty Images:** Liane Cary (tl). **Trustees of the National Museums of Scotland:** (br). **25 Robert Harding Picture Library:** Guy Edwardes (bl); Last Refuge (t). **26 Getty Images:** Liane Cary (tl). **26-27 Corbis:** epa / Bruce Omori. **28 Getty Images:** Liane Cary (tl). **Science Photo Library:** (c); Dr Ken Macdonald (cr). **29 Copyright by Marie Tharp 1977/2003. Reproduced by permission of Marie Tharp:** (tr). **NASA:** Norman Kuring, SeaWiFS Project / Visible Earth (tl). **Science Photo Library:** Dr Ken Macdonald (cl); Worldsat International (cr). **30 Getty Images:** Liane Cary (tl). **NOAA:** (tr). **31 Science Photo Library:** Dr. Ken MacDonald. **32 Getty Images:** Liane Cary (tl). **Science Photo Library:** Martin Jakobsson (bc). **33 Science Photo Library:** NOAA (tr). **34 Alamy Images:** Nigel Hicks (cb). **Getty Images:** Liane Cary (tl); Øystein Lund Andersen / E+ (cl). **34-35 Science Photo Library:** NASA (c). **35 Corbis:** Michael S. Yamashita (crb). **36 Getty Images:** Liane Cary (tl); Fuse (clb). **38 Getty Images:** Liane Cary (tl). **39 Getty Images:** JIJI Press (t); Athit Perawongmetha (bl). **40 Corbis:** Jim Sugar (c); Bernd Vogel (cra). **Getty Images:** Liane Cary (tl). **41 Alamy Images:** Ken Welsh (cr). **Corbis:** John Farmar / Ecoscene (tl). **Robert Harding Picture Library:** Frans

Lanting (b). **42 Getty Images:** Liane Cary (tl). **42-43 Getty Images:** Paul Souders. **44 Getty Images:** Liane Cary (tl); Juan Jose Herreo Garcia / Moment Open (cl). **44-45 Alamy Images:** Aquascopic (c). **45 Getty Images:** Fotosearch (tr). **46 Alamy Images:** Klaus Lang / age fotostock (t). **Dorling Kindersley:** Natural History Museum, London (crb). **Getty Images:** Liane Cary (tl). **47 Getty Images:** Brian Lawrence (b). **Science Photo Library:** Gary Hincks (tc, tr). **48 Getty Images:** Liane Cary (tl). **49 Corbis:** Paule Seux / Hemis (cl). **Dreamstime.com:** Richard Carey (br). **Getty Images:** Paul Souders / Stone (cra). **50 Alamy Images:** Brandon Cole Marine Photography (cla); Reinhard Dirscherl (clb). **Getty Images:** Liane Cary (tl). **NASA:** MODIS Instrument Team, NASA / GSFC (cb). **50-51 Getty Images:** Linda Mckie (bc). **51 Alamy Images:** RGB Ventures / SuperStock (tr). **OceanwideImages.com:** Gary Bell (crb). **52 Getty Images:** Liane Cary (tl). **52-53 Alamy Images:** Tsuneo Nakamura / Volvox Inc (c). **53 Alamy Images:** Chris Cameron (br); David Tipling (cra). **Getty Images:** Mike Hill (c). **54-55 Corbis:** Yevgen Timashov / beyond. **54 Getty Images:** Liane Cary (tl). **55 Alamy Images:** keith morris news (tr). **Getty Images:** Helifilms Australia (br). **NASA:** Hal Pierce (cra). **56 Alamy Images:** david gregs (clb); ImagePix (bl). **Getty Images:** Liane Cary (tl). **iStockphoto. com:** DanBrandenburg (cla). **Science Photo Library:** Duncan Shaw (c). **56-57 Corbis:** Philip Stephen / Nature Picture Library. **57 Corbis:** Seth Resnick / Science Faction (tr). **58 Getty Images:** Liane Cary (tl). **58-59 Robert Harding Picture Library:** Eric Sanford. **60-61 NASA:** Goddard Space Flight Center, and ORBIMAGE (c). **60 Getty Images:** Liane Cary (tl). **61 123RF.com:** Andrew Roland (cra). **62-63 OceanwideImages.com:** Michael Patrick O'Neill (c). **62 Corbis:** Wil Meinderts / Buiten-beeld / Minden Pictures (br). **Getty Images:** Liane Cary (tl). **63 Alamy Images:** Masa Ushioda (crb). **Corbis:** Jurgen Freund / Nature Picture Library (clb). **NOAA:** (cra). **Science Photo Library:** Dante Fenolio (cb). **64-65 SeaPics.com:** Bob Cranston (t). **64 Getty Images:** Liane Cary (tl). **Science Photo Library:** Dr Gene Feldman, NASA GSFC (bl). **65 FLPA:** Tui De Roy / Minden Pictures (bl). **66 Corbis:** Kike Calvo / National Geographic Society (b). **Getty Images:** Liane Cary (tl). **67 Corbis:** Kevin

Coombs / Reuters (crb); John Hyde / Design Pics (bl). **68 Alamy Images:** Steve Bloom Images (tl). **68-69 Science Photo Library:** Christopher Swann. **69 Alamy Images:** AF archive (fcla). **Corbis:** David Jenkins / Robert Harding World Imagery (ca). **Getty Images:** Doug Steakley (cla). **70 Alamy Images:** Steve Bloom Images (tl). **71 Alamy Images:** Amana images inc. (cra). **Ardea:** Steve Downer (crb). **72 Alamy Images:** Steve Bloom Images (tl). **72-73 Corbis:** Ralph A. Clevenger. **73 Corbis:** Doug Perrine / Nature Picture Library (bc); Norbert Wu / Minden Pictures (cr). **Science Photo Library:** John Durham (cl); Jan Hinsch (tc). **74 Alamy Images:** Steve Bloom Images (tl). **Corbis:** Visuals Unlimited (clb). **imagequestmarine. com:** (c). **74-75 SeaPics.com:** Richard Herrmann (c). **75 Corbis:** Gerald & Buff Corsi / Visuals Unlimited (ca). **Getty Images:** Franco Banfi (crb). **imagequestmarine.com:** (cb). **76-77 Dreamstime.com:** Steven Melanson. **76 Alamy Images:** Steve Bloom Images (tl). **Corbis:** Stephen Frink / sf@stephenfrink.com (bl). **77 Getty Images:** Visuals Unlimited, Inc. / Richard Herrmann (bc). **Robert Harding Picture Library:** Andrew Davies (cr). **SeaPics.com:** Saul Gonor (tr). **78 Alamy Images:** SCHMITT / BSIP (cr); De Meester Johan / Arterra Picture Library (c); Steve Bloom Images (tl). **Robert Harding Picture Library:** Marevision (cl). **79 Alamy Images:** Image Source (c). **Getty Images:** Marevision / age fotostock (cl). **SeaPics.com:** Doug Perrine (c). **80-81 naturepl.com:** Jurgen Freund (b). **80 Alamy Images:** Steve Bloom Images (tl); WaterFrame (c). **Dreamstime.com:** Peter Leahy (bl). **81 Barcroft Media Ltd:** Alexey Stoyda (tr). **82 Alamy Images:** Mark Conlin (tl); Steve Bloom Images (ftl). **Corbis:** Doug Perrine / Nature Picture Library (br). **FLPA:** Jon Baldur Hlidberg / Minden Pictures (bl). **83 Alamy Images:** Design Pics Inc (bl). **Corbis:** Doug Perrine / Nature Picture Library (tl). **naturepl.com:** Doug Perrine (c). **84 Alamy Images:** Steve Bloom Images (tl). **84-85 Science Photo Library:** Christopher Swann. **86 Alamy Images:** Norbert Probst / imageBROKER (cl); Steve Bloom Images (tl). **Corbis:** Fred Bavendam / Minden Pictures (clb). **Getty Images:** Awashima Marine Park (bl). **SeaPics. com:** Doug Perrine (cla). **86-87 Corbis:** Visuals Unlimited (c). **87 Photoshot:** Oceans-Image (cr). **Robert Harding Picture Library:** Jody Watt (tr). **88 Alamy Images:**

致谢